U0162494

国民金融教育之中老年五德财商智慧丛书

国民金融教育之中老年五德财商智慧丛书

中国证券监督管理委员会四川监管局　指导编制

谁也别想骗到我

养老理财智慧

2

潘席龙　祖强　主编

四川人民出版社

图书在版编目（CIP）数据

谁也别想骗到我：养老理财智慧 / 潘席龙，祖强主编. — 成都：四川人民出版社，2021.4
（国民金融教育之中老年五德财商智慧丛书 / 潘席龙主编）
ISBN 978-7-220-12278-1

Ⅰ. ①谁… Ⅱ. ①潘… ②祖… Ⅲ. ①中年人—财务管理②老年人—财务管理 Ⅳ. ① TS976.15

中国版本图书馆 CIP 数据核字 (2021) 第 058481 号

SHUI YE BIE XIANG PIAN DAO WO: YANGLAO LICAI ZHIHUI

谁也别想骗到我：养老理财智慧

潘席龙　祖　强　　主编

出 品 人	黄立新
策划组稿	王定宇　何佳佳
责任编辑	王定宇　母芹碧
封面设计	李其飞
版式设计	戴雨虹
责任校对	梁　明
责任印制	王　俊
出版发行	四川人民出版社（成都槐树街 2 号）
网　　址	http://www.scpph.com
E-mail	scrmcbs@sina.com
新浪微博	@四川人民出版社
微信公众号	四川人民出版社
发行部业务电话	（028）86259624　86259453
防盗版举报电话	（028）86259624
照　　排	成都木之雨文化传播有限公司
印　　刷	四川机投印务有限公司
成品尺寸	170mm × 230mm
印　　张	13.75
字　　数	132 千字
版　　次	2021 年 4 月第 1 版
印　　次	2021 年 4 月第 1 次印刷
书　　号	ISBN 978-7-220-12278-1
定　　价	48.00 元

五德财商简介 Introduction

“财商”指认识、创造和驾驭财富的智慧。2019 年，西南财经大学财商研究中心率先提出了融合我国传统“五常”与美国财政部“五钱之行”的“五德财商”体系。认为德不仅是财之源，更是保有和用好财富的基本准则。

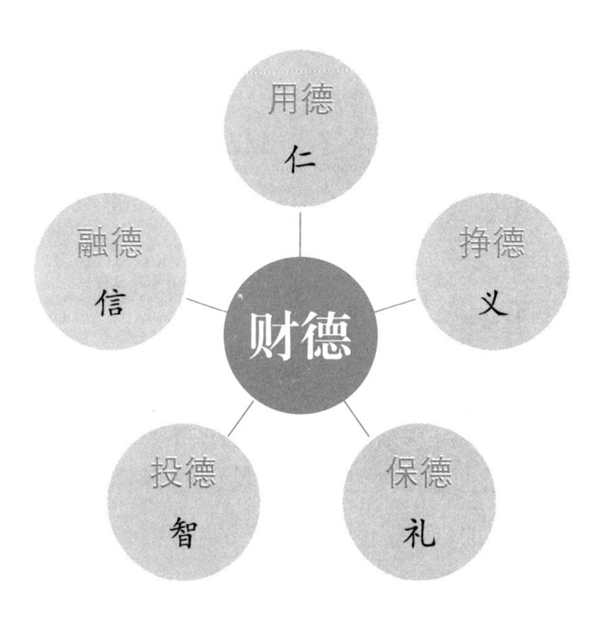

在五德财商体系中，财德五分、各有其常；五常之行、为财之本。其中：用钱之德源于仁、挣钱之德源于义、保钱之德源于礼、投钱之德源于智、融钱之德源于信。

五常“仁义礼智信”，一方面是判断财经行为是否符合财德要求的标准，此所谓君子爱财取之有道；另一方面，也表明只有符合财德标准的行为，才能积累财德，正如“行善积德穷变富，作恶使坏富变穷”。其他诸德，亦是如此。

序

Preface

全世界60岁以上老年人口总数已达6亿。全球有60多个国家的老年人口达到或超过人口总数的10%，步入了人口老龄化社会行列。人口老龄化的迅速发展，引起了联合国及世界各国政府的重视和关注。20世纪80年代以来，联合国曾两次召开老龄化问题世界大会，并将老龄化问题列入历届联大的重要议题，先后通过了《老龄问题国际行动计划》《十一国际老年人节》《联合国老年人原则》《1992年至2001年解决人口老龄化问题全球目标》《世界老龄问题宣言》《1999国际老年人年》等一系列重要决议和文件。

根据联合国人口大会（WPP）预计，2045—2050年我国人均预期寿命将达到81.52岁，接近发达国家平均水平（83.43岁）。到2040年，我国65岁以上老人占比将超过20%，也就是每5个人中就有1个是65岁以上的老人。为此，我国政府再次修订了《中华人民共和国老年人权益保障法》，制定了《“十三五”国家老龄事业发展和养老体系建设规划》，出台了《老年人照料设施建筑设计标准》《无障碍设计规范》等相关政策，积极应对可能出现的各种新问题。

面对老龄化的巨大挑战，只靠政府行动是远远不够的。我们中老年人必须主动行动起来，运用能力、智慧为自己的晚年生活做好充分的准备。随意翻看每天的相关报道和新闻，不难看到老年人投资理财被骗、落入保健品虚假宣传陷阱、遭遇意外失能，或子女因为遗产问题而在老人葬礼上大打出手之类的事件，这表明我们的社会还没有做好迎接人口老龄化的全方位准备。

现在进入中老年阶段的人，多出生于20世纪70年代以前。受时代和社会发展进程的局限，除非自己从事相关专业的工作，大多数中老年人对健康养生以及理财、保险、财产继承等相关领域的知识，都没有接受过系统教育，甚至有许多中老年人误听误信了道听途说、似是而非的信息，凭感觉去处理保健、理财、保险和遗产等问题，给自己和家庭造成了不可挽回的损失。

不可否认，年龄是经历、是阅历、是感悟、是体验，也是我们积累的人生智慧。然而，术业有专攻，时代也在进步。对我们这代中老年人来说，很难真正做到人过中年“万事休”，因为跟不上时代的步伐，就意味着我们真正的“老”了，要被时代淘汰了，自己的养老问题也不再受自己控制而要仰仗他人了。这对我们这一代靠自己拼搏奋斗走过来的中老年人来讲，是很难接受的。

“老吾老以及人之老”，西南财经大学财商研究中心、华西证券股份有限公司和成都爱有戏社区发展中心共同打造了本套中老年人财商智慧丛书。丛书共分四册，分别针对中老年人共同面临的健康管理、投资理财、风险防范和财富传承四个方面的主要问题。

第一册《千金难买老来健》，集中讨论了中老年人的亚健康、心理健康、保健食品、保健用品、医食同源、中老年健身及如何避免各种保健陷阱、误区等问题。

第二册《谁也别想骗到我》，针对的则是中老年人如何识别和规避理财中可能遇到的“杀猪盘”、金融传销、非法集资等骗局，如何掌握中老年人投资理财的基本原则，对中老年人家庭财富的配置方法、常用的一些中低风险金融产品也做了系统的介绍。

第三册《颐养有道享平安》，对中老年人面临的主要风险，如财务风险、疾病风险、意外伤害风险等，所适用的财产和人寿保险、重疾与其他保险的搭配等进行了介绍；对可能存在的保险陷阱、社保与商业保险应如何配合、家庭保险的配置与调整等做了讲解。

第四册《财德仁心永留传》，主要针对中老年人物质与精神财富的传承问题，包括民法典中对继承问题的规定，遗嘱的订立、修改和执行，以及如何防止子女不孝、如何在不同继承人之间做好平衡、如何防止“败家子”等社会现象和问题。

整套丛书都从中老年人身边发生的案例故事讲起，透过现象看本质，在剖析了相关原因后，分步骤地说明了正确的做法。它们既生动、有趣，也有理论性和操作性；既是一套财商“故事书”，更是一套提升中老年朋友财商智慧的工具书。

本套丛书既适合中老年读者自己阅读，也可作为中老年朋友之间互相馈赠的礼品，更推荐年轻的子女们买给自己的父母和长辈，让丛书帮助你们来规劝部分“固执”的父母和长辈，在提升全家财商智慧的同时增进家庭的和谐与幸福。

丛书付印之际，要特别感谢西南财经大学曾康霖教授、刘锡良教授和王擎教授在本套丛书写作过程中的关心和支持；感谢中国证券监督管理委员会四川监管局的刘学处长在政策方面的指导和把关；感谢华西证券股份有限公司梁群力总经理、唐岭主任的倾力相助；感谢成都爱有戏社区发展中心杨海洋先生和刘飞女士的大力支持；最后，要诚挚感谢四川人民出版社王定宇女士在创意、设计和市场规划方面的全力帮助！

对丛书有任何建议和批评，诚请联系 panxl@swufe.edu.cn，不胜感激！

2021 年 3 月于成都

目录 Contents

目录

Contents

千变万化的网络诈骗

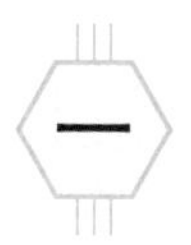

故事：吴阿姨的“黄昏恋”

吴阿姨今年 58 岁，早年与丈夫离异，自己一边做生意一边把女儿养大。如今女儿已经成家，吴阿姨便把铺子卖了，扣除手续费后还余 100 多万元。她把 90 万元存了定期，20 余万元作为应急存了活期，一心想着舒服养老。

一闲下来，想想这大半辈子都在打拼、操心女儿，从没关注过自己的感情生活，吴阿姨觉得如果老了能有个伴，一来能有个精神寄托，二来病痛困难时也好互相照顾。于是，吴阿姨在朋友的帮助下，注册了某交友网站。刚注册不久，就有一个资料上显示60岁的男性来加她好友。

男子自称“龙哥”，说自己在沿海经商，离异后一人，近几年生意不景气，想着反正也到退休年龄了，再过几个月就退休不干了，现在唯一的愿望就是找个聊得来的伴儿共度晚年。龙哥说，看到吴阿姨的资料，就觉得她是自己要找的人。此后的一段时间，龙哥天天发信息对吴阿姨嘘寒问暖、百般关切，让她几十年来第一次体会到了被人关心、被人爱护的感觉。

龙哥在聊天过程中，很自然地提起自己最近在一个境外交易平台上做外汇投资，赚了不少钱。然后他把自己在平台上的账号给了吴阿姨，说自己常常开会、出差，不方便下单，有时需要吴阿姨帮他操作一下。

吴阿姨在龙哥的指导下操作了几次，发现基本上每次都能赚钱，于是自己也忍不住在网站上开了一个户，开始跟着龙哥操作。刚开始她只投了几千元，在龙哥的指导下翻了一倍后，就开始增加投入，把自己的活期存款 20 多万元都投了进去，基本上每天网站上都显示有几千甚至上万的收益。吴阿姨突然觉得比起之前做生意累死累活挣不了几个钱，现在来钱简直太容易了！她开始对龙哥的投资建议深信不疑，对龙哥本人也越来越信任。后来，吴阿姨又追加了 30 多万元，总投资约 55 万元，希望到年底能大赚一笔。

然而，在追加完最后一笔投资后，吴阿姨却发现龙哥的“指导”开始出问题了，不到一周时间，账户上的 50 多万元几乎全部亏光。吴阿姨想联系龙哥询问情况，却发现再也联系不上他了，自己的微信也被对方拉入了黑名单。

吴阿姨只得向女儿求助，女儿听后立刻报了警。警察告诉吴阿姨，她遭遇的这类骗局正是最近几年兴起的、俗称“杀猪盘”的网络交友骗局。“杀猪盘”骗局，即骗子通过网络交友、授权操作等方式取得受害人的信任，诱导受害人参与非法投资、赌博，最终骗取受害人的钱财。

吴阿姨把钱转到的那个“交易平台”，实则是骗子自己

做的虚假平台，上面的涨跌，包括账户里的数字都是由骗子操控的。吴阿姨在把50万元转入“平台”的当天，钱就已经被骗子卷走了。她看到的“龙哥”账户上的盈亏，和后来自己账户上显示的“赢利”，都不过是骗子操控假平台编造的虚假信息，毫无意义。

在“杀猪盘”骗局中，骗子自称“屠夫”；骗子所说的“猪”，指的就是那些单身、离异或丧偶，对感情有渴望，且有一定经济能力的人士。骗子确定目标后就开始“养猪”，捏造一个虚假的身份，投放“猪饲料”，每天嘘寒问暖、培养感情和信任。在获得受害人的信任后，骗子就把养肥的“猪”送入“屠宰场”，即引诱其参与非法网络投资、网络赌博等活动，实则是把钱打到了骗子的账户上，钱一到账，骗子们就卷款跑路。

“杀猪盘”是一类危害极大的骗局，受害人的投资钱款通常会被骗子转往境外，难以追回。在这类诈骗中，骗子通常会伪造自己的身份信息，包括身份证、户口本、营业执照等；由于怕暴露，他们会以各种借口拒绝见面，甚至不答应视频或电话交流。

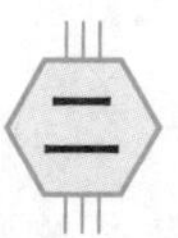

故事：周叔的“股神老师”

周叔今年刚刚退休。打拼了几十年的他，颇不习惯退休后的慢生活，想找些事情做。他想起退休前自己偶尔会炒炒股，虽然小亏，但总觉得那是因为工作忙、没时间研究造成的。现在退休了，正好有时间可以慢慢研究好了再炒，既能排解寂寞，说不定还能赚点小钱。当然，能赚大钱就更好了。

经过一番电话和短信查询，周叔找回了自己从前的证券账号，开始仔细研究起股票来。大约三个星期后，他突然接到一个陌生电话，自称是证券公司的客户经理，说他们有个专门推荐牛股的客户服务群，要拉周叔进群享受高端、专业的投资服务。周叔心想，反正听听也不坏，正好可以参考一下，就加了对方的微信，被拉进了一个“VIP 群”。

群里看起来很热闹，有个“股神老师”，每天都会给大家推荐股票。周叔发现每天那些大涨或涨停的股票，都说是老师前一天推荐过的。有很多人在群里晒自己的投资收益，纷纷说自己跟老师赚了多少钱。但老师在群里推荐的股票都是当天收盘后才会发出来，周叔只能看着别人赚，自己却没法买入。

经过询问，群主告诉周叔，他所在的是体验群，只有收盘后才能得到相关信息。如果进入更尊贵的 VVIP 群，就可以在收盘前给他推荐，就能天天买牛股、挣大钱了。同时，群主还告诉周叔，经观察觉得周叔入群以来表现良好，可以享受最优折扣价：别人要 2 万元的 VVIP 资格，给周叔打五折只需要 1 万元；但这种名额非常紧俏，群主也是费了很大劲才争取到的，仅限当天有效。周叔看机会难得，当即转款，取得了更尊贵的“VVIP 资格”，一心想着有了股神老师的点拨，肯定能赚大钱了。

成为“VVIP”后，老师推荐的第一只股票，周叔试探性买了几万，第二天果然大涨。他赶紧卖掉，然后自豪地在群

里展示了自己的投资“成果”，为“股神”老师唱赞歌！群主说，可惜买少了，劝他下次一定要多投点。于是，当老师推荐第二只股票时，周叔把大部分资金都砸了进去。

没想到，第二天这只股票就开始大跌。老师说：“没事的，震荡是正常现象！拳头不收回来，怎么打得出去呢？跌得多点，反弹才有力！”于是周叔又用剩余的养老钱加了仓，希望能补回损失；却没想到随后连续几个跌停，让周叔一下亏了 20 多万！他生气地去找群主理论，却被群主拉黑并踢出了群。

周叔前往自己的证券开户营业部，想找到那个“群主”讨个说法，却发现证券公司根本查不到这个人，也查不到给自己打电话的那个“客户经理”——也就是说，这些人都是假冒的！证券公司工作人员在询问情况后，立即报了警，并告知周叔，周叔所遭遇的正是“荐股”骗局诈骗。

所谓“荐股”骗局诈骗，就是骗子通过非法渠道获得投资者的姓名、电话等信息，冒充证券公司工作人员骗被害者进群，经过与不法资金合作拉抬股价制造“股神老师”，骗取被害者缴纳高昂“会员费”“服务费”或“入群费”等，再与不法投资者合作打压股价“割韭菜”。在反复的拉高和打压中，掏空被害者的钱包。群里除了被害者，其他人其实全都是骗子的“托”或者“小号”。在被害者缴纳高昂的入会费之后，就诱骗被害者为不法资金“接盘”，给被害者带来会费和投资资金等多重损失。

其实，个人或公司推荐股票，都是需要资质牌照的，否则就是“非法荐股”。正规的证券公司、证券咨询公司及从业人员等都具备相应的资质牌照，并受到严格的监管。要避免这类损失，只需要在接到这类电话时，首先联系证券开户营业部，或者拨打证券公司的官方电话核实，确认对方是否真是证券公司的工作人员，然后再决定是否添加对方好友或者进群。

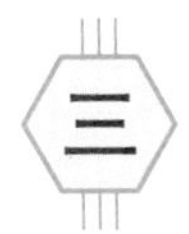

警惕各类网络诈骗

随着科技进步，网络越来越普及。除了年轻人，咱们中老年人也紧跟时代步伐，正在融入新时代的网络生活当中。许多中老年人学会了移动支付、网络购物、网络社交等互联网生活方式。

根据中国互联网络信息中心（CNNIC）最新发布的《中国互联网络发展状况统计报告》，截至 2020 年 6 月，50 岁以上网民群体所占比例已经达到了 22.8%；而在 2007 年以前，50 岁以上网民仅有大约 4%（见图 1-1）。可见，网络已经越来越成为中老年人生活的一部分。

中老年网民的数量逐年增长，但由于缺乏网络安全意识及防骗知识，他们也成为骗子们虎视眈眈的“目标”。中老年人由于积蓄较多，一旦上当受骗，所遭受的损失也会比年轻人更大。在各类互联网诈骗当中，金融投资类诈骗给中老年群体造成的损失最为巨大。

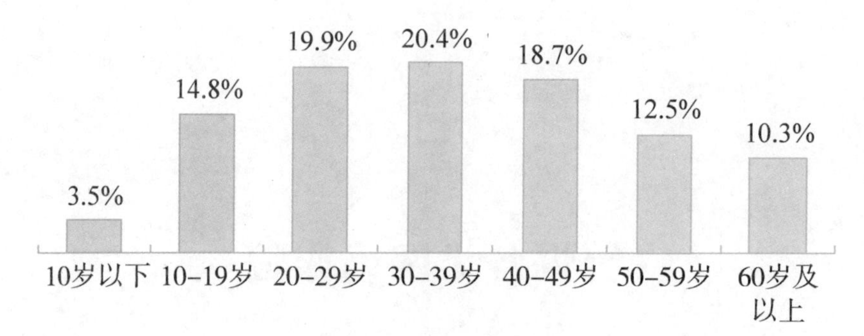

图 1–1　网民年龄结构

来源：CNNIC《中国互联网络发展状况统计报告》2020.6

腾讯 110 发布的《2019 中老年人反欺诈白皮书》显示，在金融投资类诈骗中，中老年群体只要产生经济损失，损失在万元以上的占 77%。其中，损失 1 万—5 万元的占比最高，为 38%；损失 10 万元以上的占比 26%（见图 1–2）。由此可见，金融投资类诈骗涉及数额较大，带来的社会危害较为严重。

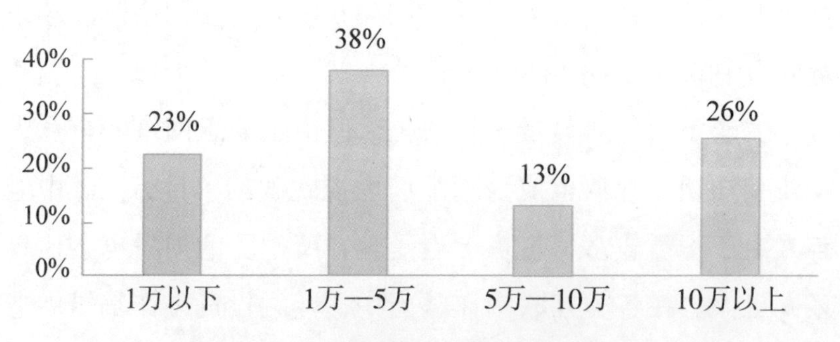

图 1–2　中老年群体被骗金额区间分布

金融投资类诈骗比较常见的手段，主要是引导投资者去非法平台上投资，尤其是投资那些未经监管的所谓产品。其实，我们只需要注意通过正规金融机构（如银行、证券公司、保险公司等）进行投资，不轻信网络上的各种“投资”“理财”，就可以很大程度上避免上当受骗。

除了金融投资类诈骗，中老年人比较容易遭遇的网络诈骗还有网络交易诈骗、返利诈骗、兼职诈骗、仿冒诈骗和金融信用诈骗等。

网络诈骗之所以大行其道，主要是由于骗子躲在网络之后，可以把自己伪装成任何身份：金融从业者、公检法人员、政府机构、企业单位、淘宝商家，甚至亲朋好友……要防止上当受骗，我们只需要在接到陌生电话时，或在网络上接触陌生人时多一个心眼，不轻易相信对方自称的“身份”，而是先经过其他可靠途径核实过后，再与其进行交流。此外，即便是已经核实过身份的人，在涉及金钱往来时，我们也必须保持警惕。要知道，骗子可能盗取他人的社交账号（如微信、QQ 等）进行诈骗，还会伪造身份证、工作证等证件行骗，可谓“无所不用其极”。

财教授实操课堂：网络伪装千千万，核实身份放在前

财教授： 要破除网络诈骗，最有效的一招就是“核实身份”。这里我们需要注意的是，不能轻信网络上发来的身份证明材料，如营业执照、身份证、工作证、警官证等——因为这些都是可以伪造的。只有通过官方渠道进行核实，才能有效辨别真假。

下面财教授就为大家提供几种常见的官方鉴别渠道。对电脑上网等操作不熟悉的朋友，可以让身边信任的年轻人帮忙查询。

（一）鉴别真假证券从业人员

对于证券股票投资的朋友来说，接到陌生电话或加好友申请，称自己是“证券客户经理”“投资顾问”，要给你“推荐股票”的，一定不能轻易加对方为好友或入群，务必要对其身份进行核实。

核实身份，主要是核实对方是否是真实、正规的证券从业人员，我们可以登录中国证券业协会的官方网站 https：//www.sac.net.cn/xxgs/cyryxxgs/ 进行查询。所有正规证券从业人员，都会在这个官方网站上进行实名登记。

中国证券业协会
官方网站

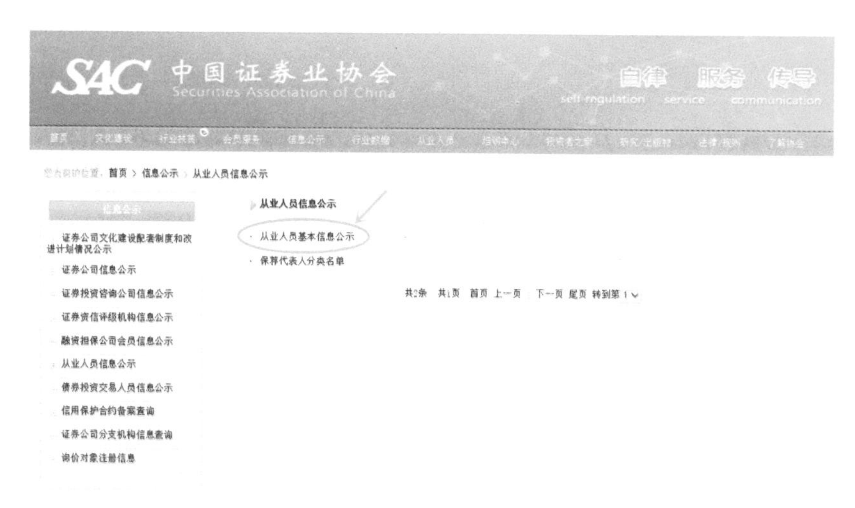

图 1–3　中国证券业协会从业人员官方核实渠道

SAC 中国证券业协会
Securities Association of China
自律 服务 传导
self-regulation service communication

从业人员基本信息公示

机构类别：证券公司
证券资产管理公司
证券投资咨询机构
证券市场资信评级机构
投资管理公司（直投公司）
另类投资机构

按证件号码查询

序号	[illegible]	从业人员数	一般证券业务	一般证券业务(证券经纪业务营销)	一般证券业务(投资主办人)	证券投资咨询(分析师)	证券投资咨询(投资顾问)	证券投资咨询(其他)	证券经纪人	保荐代表人
1	[illegible]	1061	550	3	6	7	61	0	416	18
2	安信证券股份有限公司	7435	4010	59	0	70	1225	0	1907	164
3	安信证券资产管理有限公司	89	89	0	0	0	0	0	0	0
4	北京高华证券有限责任公司	182	139	0	0	21	22	0	0	0
5	渤海汇金证券资产管理有限公司	138	125	0	13	0	0	0	0	0
6	渤海证券股份有限公司	1793	1339	3	0	18	241	0	156	36
7	财达证券股份有限公司	2447	1661	9	20	9	233	0	505	10
8	财通证券股份有限公司	3427	2195	0	1	28	573	0	567	63
9	财信证券有限责任公司	2710	1328	8	15	17	431	0	887	24

图 1–4　中国证券业协会从业人员基本信息公示示例

中老年朋友要注意的是，查询和验证对方身份是自己合理、合法的权利，不要有任何的“难为情”或者“不好意思”，这是做投资交易前的基础工作。对专业投资人员来讲，即便我们不要求，对方也应该主动告诉我们他们的资格证书编号和相关情况。因此，大家完全可以正大光明、理直气壮地要求对方出示相关证件！

查询过程中，我们可以让对方提供身份证号码，或证券业协会登记编号，或者是姓名和公司名称，这样即可查到对方的证券从业信息和登记照片。需要注意，只有“执业岗位”一栏为“证券投资咨询（投资顾问）”（见图 1–5），才可以推荐股票，否则就属于“非法荐股”。

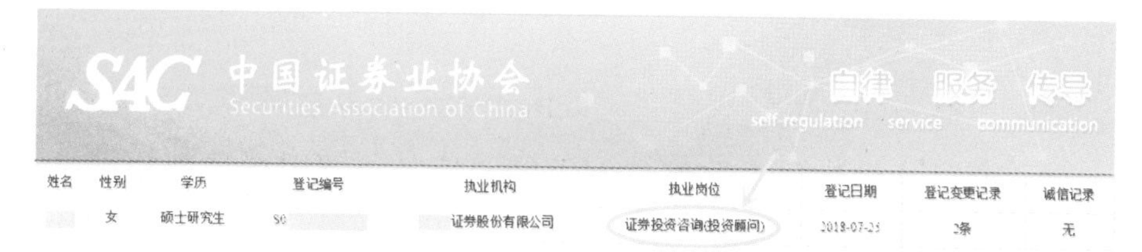

姓名	性别	学历	登记编号	执业机构	执业岗位	登记日期	登记变更记录	诚信记录
	女	硕士研究生	S0	证券股份有限公司	证券投资咨询(投资顾问)	2018-07-25	2条	无

图 1–5　合规荐股的执业岗位类型

除了到官方网站查询，还可以前往或致电自己开户的证券公司进行查询。查询到自己的客服人员以后，就能知晓跟自己联系的是否是真实的客服人员。

（二）鉴别真假“公检法”

冒充“公检法”诈骗，即犯罪分子冒充公安机关、检察院和法院人员实施诈骗。在这类诈骗中，骗子通常会用特殊软件修改自己显示的电话号码。所以，哪怕你看到手机上的来电显示是“110”，也不能轻信这就是真实的电话号码。

接到自称“警察”的电话，首先应问清其姓名、警号、所属公安局或派出所。然后挂断电话并拨打 110 或 114，转接或查询该单位电话号码，核实警员身份。

接到自称“检察官”的电话，也要问清其姓名、所在检察院名称，然后拨打全国检察院服务中心热线 12309，或拨打 114 查询对方所称检察院的联系电话，致电或前往该检察院进行核实。

接到自称“法院工作人员”的电话，同样需要问清其姓名、所在法院名称，然后拨打全国法院系统公益服务热线12368，或拨打114查询对方所称法院的联系电话，致电或前往该法院进行核实。

任何拒绝提供相关官方具体信息的，都是诈骗，因为正式官方人员的基本职业要求是有严格规定的。对待这类诈骗人员，最有效的办法是向相关部门或通过相关渠道进行检举和揭发，以免其他人上当受骗；最简单的做法是“不理睬”。

（三）鉴别真假“公司”

在网络上，我们除了对个人身份进行核实，还可以核实对方所在公司或单位是否是合法注册、正常经营的公司。

只要是境内合法注册的公司，都可以通过国家企业信用信息公示系统官方网站 http：//www.gsxt.gov.cn/index.html 进行查询。进入该网站后，在搜索栏中输入公司名称、统一社会信用代码或注册号，即可查询到该公司的全部注册信息，包括许可经营范围、是否正常开业、是否受过行政处罚、是否进过违法失信黑名单等。任何通过正规渠道查询不到的“公司”，都切莫相信。包括骗子们说的一大堆各种理由，比如，正在办理中、很快信息就会上网等，都只是

国家企业信用信息公示系统官方网站

他们的谎言。

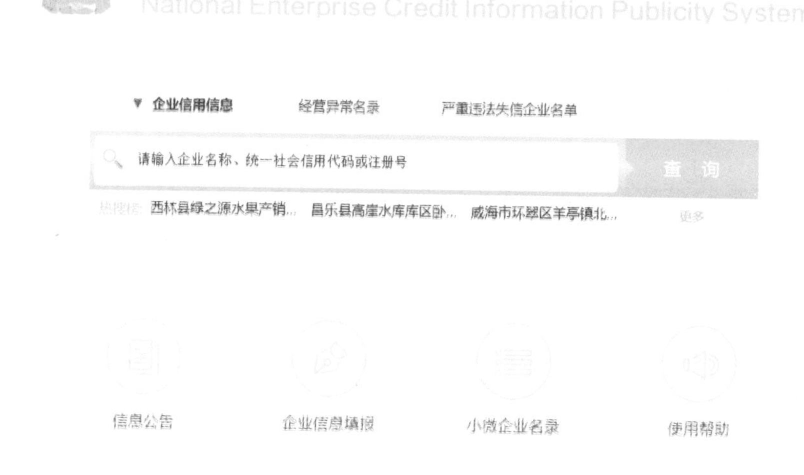

图 1–6　国家企业信用信息公示系统

如果对方说自己的公司是境外注册的怎么办呢？此时，鉴于语言问题以及境外不同国家工商注册的复杂性和多样性，聘请专业的跨国律师查询是最稳妥的。我们在表 1–1 中为大家提供了一些查询境外企业基本信息的权威网站，您可以让家中英语功底较强的年轻人协助查询。但总的来说，我们建议非专业人员不要轻易参与这些所谓的“境外项目”。

表 1-1　境外部分地区企业基本信息查询网址

地区	查询网址
中国香港	https：//www.icris.cr.gov.hk/preDown.html
中国台湾	http：//gcis.nat.gov.tw
新加坡	https：//www.acra.gov.sg/home/
BVI（英属维尔京群岛离岸公司注册中心）	https://www.bvifsc.vg/regulated-entities?combine=&field_entity_status_tid%5B%5D=72
德国	http：//www.firmenwissen.com/en/index.html?locale=en
澳大利亚	http：//abr.business.gov.au/
英国	http://wck2.companieshouse.gov.uk/
印度	http：//www.mca.gov.in/mcafoportal/viewCompanyMasterData.do

中国香港

中国台湾

新加坡

BVI（英属维尔京群岛）

德国

澳大利亚

英国

印度

“杀猪盘”防骗口诀

网络交友真好玩，帅哥美女陪聊天；
老人闲来好孤独，他人陪你为哪般？
妄称感情相见晚，只为作局杀猪盘。
代管账户套信任，双簧演戏说赚钱；
人人都称在大赚，实是受控假与骗。
早期钓鱼给点甜，旨在引诱入门槛；
一旦你有大投入，石沉大海便不见，
要给自己长心眼，不投钱来不借钱。

荐股防骗口诀

陌生电话要查清，加群荐股套路精；
群里十人九个“托”，个个为你设陷阱。
非法拉抬诱加仓，打压价格亏不停；
“大V”“股神”切莫信，资质牌照须分明。
远离非法荐股群，理性投资才安心。

五德财商之本章财德

挣钱之德源于义，投钱之德源于智

挣德：任何人许诺高收益时，须问清楚“利从何来”。极端地讲，贩毒可以带来高收益，但你会去做吗？不义之财不可挣。无德之钱，只能带来灾难。万错从“贪”生，不贪不陷困境。

投德：任何项目，看收益的同时要看清潜在的风险。没能看清风险、搞懂原理之前，就别去想收益。越是诱人的高收益，越可能危机四伏。你想别人的利，别人想你的本！

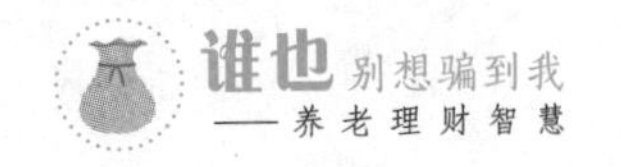

本章知识要点

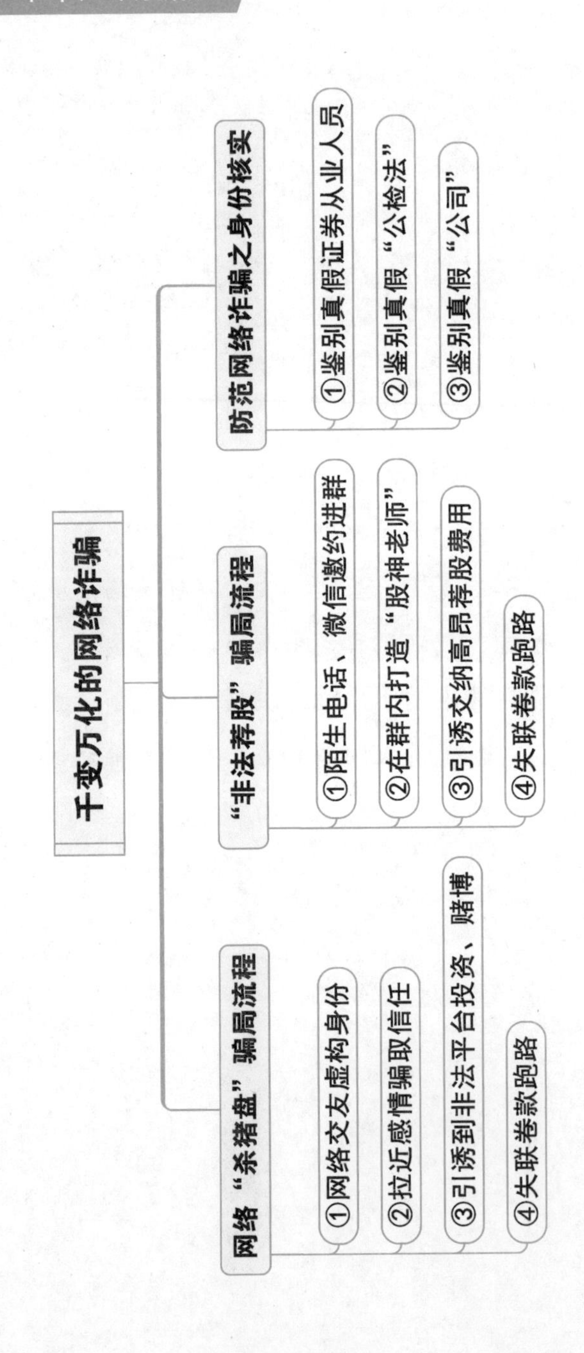
千变万化的网络诈骗
网络“杀猪盘”骗局流程
①网络交友虚构身份
②拉近感情骗取信任
③引诱到非法平台投资、赌博
④失联卷款跑路
“非法荐股”骗局流程
①陌生电话、微信邀约进群
②在群内打造“股神老师”
③引诱交纳高昂荐股费用
④失联卷款跑路
防范网络诈骗之身份核实
①鉴别真假证券从业人员
②鉴别真假“公检法”
③鉴别真假“公司”

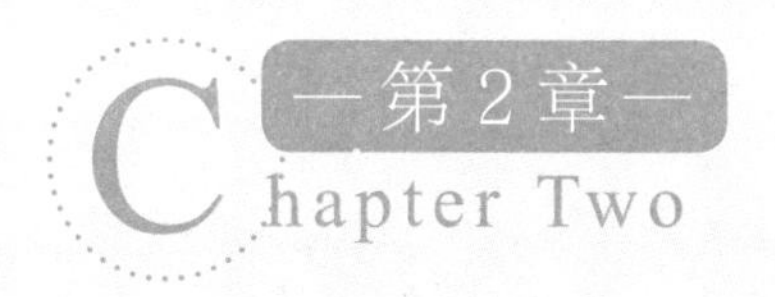

金融传销与非法集资

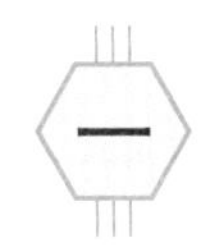

李大爷的发财梦

——金融传销的识别和防范

（一）故事：李大爷的“发财梦”

62 岁的李大爷是国企退休老干部，前些年给儿子买了婚房后，还剩几十万的积蓄，存在银行留给自己养老；再加上每个月领的养老金，李大爷的退休生活过得还算富足惬意。

一天，李大爷在跟钓友老刘一起钓鱼的时候，老刘神秘地告诉李大爷，他正在投资一个海外引进的“高科技项目”，看在他俩这么多年一起钓鱼的情分上，要把这个项目推荐给李大爷。

李大爷将信将疑，跟着老刘来到一家茶馆“调研项目”。茶馆里热闹非凡，老刘说，这家茶馆就是这个“项目”平时开会和交流的地方。此时，茶馆的大堂里正好有人在演讲，老刘便让李大爷赶紧“认真学习”。

李大爷听了演讲，觉得他们说的“区块链”“虚拟货币”什么的挺高大上的，但又云里雾里搞不明白。此时，老刘带着两个“投资人”走了过来，他们告诉李大爷，不必拘泥于技术细节，只要投进去赚钱就好。两人还一起把自己账户里的盈利情况展示给李大爷看，李大爷看到他们两人的账户都盈利丰厚，颇有些心动。两人告诉李大爷，他俩的收益不算高的，他们还有朋友的收益更高呢！在三人的反复劝说下，李大爷打算试试，便投入了大约 5 万元人民币。

自从投入了这种虚拟货币后，李大爷每天就多了件事：早上一起来，先看看“分钱”了没有。接下来不到一个月，账户上总共显示分到了 20% 的“奖金”。“这比存银行简直好太多了！”李大爷想着，心里特别开心。看到这么好的效果，在老刘和另外两个人的鼓动下，李大爷把自己几十万元的积蓄都投了进去。他心想，要不了多久，就能够赚一笔大钱了！

几个月里，李大爷一直沉浸在账面金额增加的喜悦中。此时，虚拟货币平台又发布了“准备海外上市”的消息，并告知大家，按国外金融市场的要求，在海外上市有3—5个月的“静默期”，需要暂时关闭网站、暂停提现；还告诫投资人在“静默期”内不要打听、不要声张，否则上市进程就会受影响，只要上市成功，手里的虚拟货币价值就不只是翻倍，而是会翻几十倍。李大爷一听，更开心了，那意味着自己很快就要成为千万富翁了！

一个月过去了、三个月过去了、半年过去了……李大爷估摸着虚拟货币应该已经上市了，可平台网站还是没打开，也没听说上市成功的任何消息。他多次找刘大爷，可刘大爷说他自己也没听到任何新的消息。他又去找那两个劝他们投资的年轻人，却再也找不到了。这弄得两位大爷成天寝食难安，人都瘦了一大圈。

直到有一天，李大爷在电视里看到他所投资的虚拟货币诈骗案告破，公安机关抓获境内犯罪团伙的新闻时，才终于印证了自己之前一直不敢相信的判断，确实是上当了——所谓“静默期”，其实是骗子用来忽悠和稳住受害者，自己偷

偷转移赃款并潜逃的时期；而李大爷账面上显示的盈利、分红都是假的，只是骗子编造的假数字！李大爷投入的几十万元由于流向了境外，已经难以追回！

报警后，李大爷这才从公安机关了解到，自己投资的虚拟货币本质上是一种新型金融传销，而且是一个典型的“庞氏骗局”。庞氏骗局，又称“金字塔骗局”，是一种利用新投资者的钱来向老投资者支付回报，以制造赚钱假象，进而骗取更多投资的金融诈骗方式，是最基础的“金融传销”形式之一。

庞氏骗局是1919年由意大利投机商人查尔斯·庞兹所发明的。在查尔斯·庞兹被捕后，这类骗局又在全球各地以不同形式存续了一百多年。为什么庞氏骗局有如此大的威力？它究竟是如何蛊惑人心的？接下来就“请”庞氏骗局的“发明人”——查尔斯·庞兹来为我们讲述他的诈骗故事。

（二）金融传销始祖——查尔斯·庞兹自传

1. 我是谁

我是金融传销的“鼻祖”、庞氏骗局的“发明人”——查尔斯·庞兹。1903年，只有20出头的我，怀揣“美国梦”来到了美国。后来因机缘巧合，我竟然成了举世闻名的波士顿“邮政票券诈骗案”的主角，从此奠定了我金融传销“鼻祖”的地位。

图 2–1　查尔斯·庞兹入狱时的照片

2. 我的“战绩”

（1）商机与动机

最初，我也不想行骗，毕竟骗子不受欢迎，骗子的名声也不好听。我在美国波士顿创业时，收到了一封来自西班牙的信，信中附了一张“国际回邮代金券”。这张代金券是由当时的“万国邮政联盟”发行的，可以拿到各国邮局去兑换成邮票。人们在寄信时，会出于礼貌附上这么一张代金券，这样回信的人就不用自己掏钱买邮票了。

本来只是一张小小的回邮代金券，却让我激动地发现，这种代金券在两个国家能够兑换邮票价值的比率与这两个国家货币的汇率之间不成比例。比如当时，在意大利邮局花费 1 美元买到的回邮代金券，竟然能在美国邮局兑换 3.3 美元的邮票或商品。傻子都能看到这中间商机巨大！如果从意大利或其他国家的邮局大量低价购入这种回邮代金券，转手在美国邮局进行兑换，岂不就可以发大财了？！

图 2–2 国际回邮代金券

（2）资金雪球

我必须尽快弄到大量资金，去国外购买代金券。于是我成立了一家“证券交易公司”，开始寻找大众投资者为我的“发财计划”投资。

为了及时抓住难得的投资机遇，我承诺 90 天内支付给投资者 40%~50% 的利息。同时，任何人介绍其他投资者前来投资，不管投资金额多少，介绍人都可以从中抽取 10% 作为“拉人头佣金”。当时道富银行的储蓄利息只有 4% 一年，我相信我承诺的 160%~200% 的年化利率外加 10% 的佣金，对任何人都极具吸引力！

不出我所料，最开始一些投资者会拿出少量资金试水，发现我果真按时兑付了承诺的利息后，他们就消除了戒心。在高利息和“拉人头佣金”的驱使下，他们拿出了所有的积蓄，还号召亲朋好友前来投资。这样，我的资金雪球般迅速滚动了起来，短短 9 个月，我就获得了投资人 1500 万美元的资金——当时一个工人的年收入约为 500 美元，这相当于 1 个工人工作 3 万年的收入！

（3）背后真相

要说我是骗子也有点冤枉，因为最开始我确实没想骗大家，只是想充分利用发现的绝好商机，带大家一起发财。早期融来的资金，也确实有一部分用来购买了回邮代金券，真的赚到了一些钱。但后来，代金券的供应量太少，甚至一些国家对代金券限制出售，我再也买不到更多代金券了，这导致我的发财计划无法继续实施。然而，早期承诺的高收益必须兑现，我只有硬着头皮去拉更多的人投资，用新投来的资金偿还前面投资人的利息。

现在想来，当初回邮代金券没法做的时候，我就应该收手，把钱退还给大家，后来也就不至于坐牢了。可惜，当时我没能悬崖勒马。话说回来，这事似乎也不能全怪我，如果投资人保持清醒，知道这么高的利率是不现实的，或者知道向万国邮政了解相关信息，不贪图高收益、高佣金，也不会把我逼到“借新还旧”、以债还债的境地。

（4）难言结局

要说，这种拉人头的方式扩张起来还真是快！没多久，投资人就遍布大街小巷，我的名字几乎举国皆知。但稍有常识的人都能想得到，这样“拆东墙补西墙”的模式肯定维持

The Boston Post EXTRA

DECLARES PONZI IS NOW HOPELESSLY INSOLVENT

Publicity Expert Employed by "Wizard" Says He Has Not Sufficient Funds to Meet His Notes—States He Has Sent No Money to Europe Nor Received Money From Europe Recently

NEW MOVE TO FOIL MANNIX

HOLD SOLDIER FOR MURDER

Money in Banks Taken From Investors

Tells of Visits to Officials Last Monday

TREMONT DAY

图 2-3　1920 年 8 月 2 日《波士顿邮报》报道“查尔斯·庞兹无可救药地破产了”

不了多久。随着投资人的增加，窟窿越来越大；再加上记者、检察官和经济学家对我的质疑和调查，媒体的负面报道开始让投资者望而却步，短短几个月后，新进投资人的钱就再也无法继续填补这些巨额的窟窿了。

由于无法偿还投资者 700 万美元的巨额债务，让数万名投资者血本无归，政府对我提起了 86 项诈骗罪行指控。1920 年 8 月 13 日，我被正式逮捕。从风光无限到锒铛入狱，真是一言难尽。服刑前，我留给媒体的最后一句话是："世间的一切荣誉，就此成为过眼云烟。"

3. 我的行骗"法宝"是什么

我是如何成功制造了轰动一时的惊天骗局，并成为庞氏骗局鼻祖的呢？说起来，无非就三个"法宝"。说是法宝，本质上就是诱惑大家上当的鱼饵，大家千万别跟我学，而是要在看明白后，杜绝上当、受骗。

法宝 1："好"项目。就像我的回邮代金券"项目"，听起来可行，让高收益看上去很"合理"，这样就能引诱人们前来投资试水。要说明的是，我这个项目当初还是有真实基础的，不全是我自己编出来的骗局，现在有些"后浪"比我厉害多了，他们的"项目"完全是无中生有、胡编乱造的，大家更要小心警惕。

法宝 2："早期守信、及时付息"。我的项目早期确实赚了钱，所以及时按约定支付了高额利息，这是取得"成功"的关键。但后来，代金券供应不足，我的生意无以为继。为了保持我光鲜的生活，也为了及时给投资人支付高利息，我耍小聪明隐瞒了真相，掉入了“拆东墙补西墙”“借新债还旧债”的陷阱，这个时候，我就真正开始行骗了。也正是这些恶念，

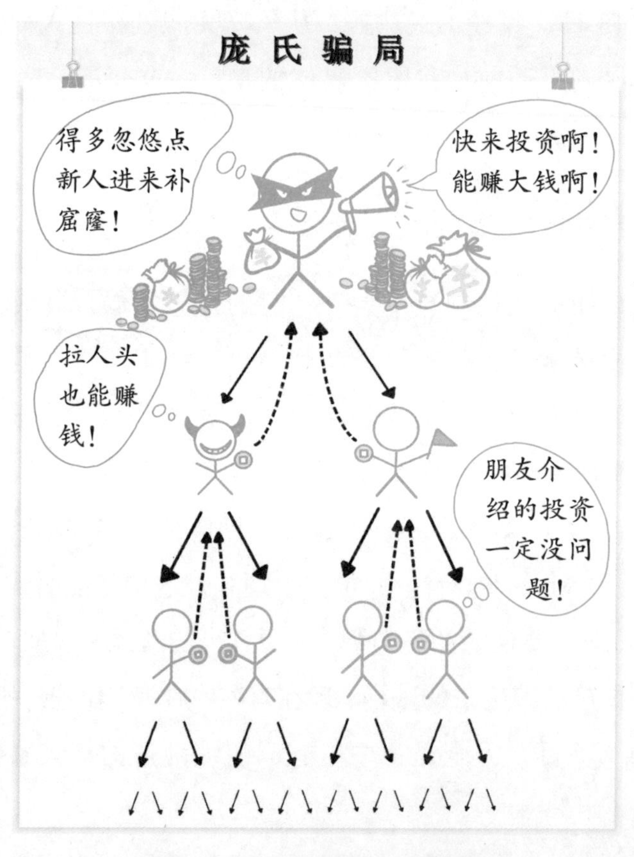

图 2-4　“庞氏骗局”结构图

使我走上了不归路，落入了犯罪的深渊。所以，大家即使拿到了早期的高收益，也千万不能就大意地认可了项目的可行性，关键在于能不能持续！

法宝 3：“拉人头奖励”。当项目无法提供高利润后，为了让这个游戏继续玩下去，必须不断有新的投资人参与。前期投资人的踊跃参与让我明白了一个道理——“只要利息高，就不怕挨刀”。我用高昂的“拉人头奖励”，让广大投资人成了我的推销员，泡沫就这样越吹越大。当我意识到将要坐牢的时候，已经刹不住车，想退出都不可能了。

我这三个法宝之所以成为“法宝”，每试必中、屡屡成功，也与广大投资者自身的弱点有关，具体来讲，主要有以下几个方面：

（1）贪婪失智

《纽约世界晚报》的记者在对我的一段报道中说：“庞兹迎合了所有人一夜暴富的渴望，把你的钱交给他，不管是 50 美元还是 5 万美元，180 天之内，他会返还你双倍的钱。”就是在这种诱惑的驱使下，人们会选择性地相信对自己“最有利”的事，并有意无意地忽视其背后潜藏的巨大风险。比如，在“拉人头奖励”的引诱下，人们不惜将自己的亲朋好友纷纷拉入这样的骗局中，而置亲情和友情于不顾。“贪婪蒙蔽双眼，欲望吞噬理智”，可谓展现得淋漓尽致。

（2）信息不对称

在邮政票据诈骗案中，只有我知道自己的“发财计划”

已经不可能成功，已演变为忽悠人们投资的噱头，但投资人并不知道。他们只能听取我的一面之词，还以为我是真的拿着他们的钱实施了代金券低买高卖的“发财计划”，为他们赚到了大钱。所谓信息不对称，通俗地讲，就是骗子永远比投资人更了解真相，“只有买错的，没有卖错的”。

（3）侥幸心理

在我吸引来的众多投资者中，也有一些人对我产生过质疑，甚至根本不相信“发财计划”能够实现。但他们还是把钱投给了我，并且拉上了身边的人。

明明不相信还投资，他们是傻吗？当然不是，他们都是非常精明的人。他们觉得，只要自己不是“最后那个傻瓜”，投资后及时拉别人下水得到“拉人头佣金”，就能尽快把自己的本金拿回来脱身，说不定还能赚上一笔——这就是人们常说的“博傻”。人们总认为自己比别人聪明，不会是那最后的傻瓜，然而真是这样吗？

实际上，他们都太高估了自己的智商和运气。他们中少数进入得极早的，在拿回本金和利息后，发现其他投资者依然在领取高额利息，往往忍不住将自己的钱再次投入，甚至会投入更多；而他们中进入得稍晚的，压根儿就没机会拿回本金了——因为资金链什么时候会断裂、骗局什么时候会崩盘，甚至连我自己都无法控制，何况他们？

有调查数据表明，金融传销的参与者在任何一个阶段加入，都属于占整个骗局总人数约 85% 以上的最底层之一。所以，无论进入的时间早晚，投资人本质上都是砧板上待宰的鱼肉——而刀什么时候会落下来，他们一无所知。

4. 我的“传承”

在“回邮代金券诈骗案”发生后，世人以我——查尔斯·庞兹的姓氏，将这类“金字塔”结构的骗局命名为“庞氏骗局”，我算是为诈骗界做出了“杰出贡献”。

虽然我已经付出了入狱坐牢的惨痛代价，但“庞氏骗局”却在此后的一百年间，以千变万化的形式在世界各地层出不穷，上当者遍及全世界，我也因此变得臭名昭著。这么多年来，骗局的本质并没有发生任何变化，都是用高收益引诱人们投资，用“拆东墙补西墙”支付利息，再用“拉人头奖励”让老投资者拉更多新投资者进入。但是“庞氏骗局”的外观和形式，却随着时代的变化和诈骗对象的不同，发展出了各式各样令人眼花缭乱的包装。

（1）针对高收入富豪名流的“麦道夫骗局”

21 世纪初，美国著名金融界经纪人、纳斯达克前主席伯纳德·麦道夫，以高回报“基金投资”的方式，骗取了 4800 个投资者账户超过 600 亿美元的投资额，制造了迄今为止美国历史上金额最大的“庞氏骗局”。

麦道夫将庞氏骗局包装成一个高门槛、神秘而又排外的“基金投资”，吸引了众多包括对冲基金、犹太人慈善组织及富豪名流在内的投资者。最终麦道夫由于资金链断裂被自己的儿子告发，在纽约被判处150年监禁。

图2-5　美国金融巨骗伯纳德·麦道夫

（2）针对低收入弱势群体的“善心汇”骗局

2016年，中国湖南的张天明等人通过搭建“善心汇众扶互生大系统”传销平台，以高回报“慈善投资”的名义，诈骗了全国31个省市区总共约600万名投资者，涉案金额高达1046亿元。

张天明将庞氏骗局包装成一个打着“扶贫济困、均富共生”旗号的“慈善投资项目”，以低门槛和“慈善”噱头吸引了一大批以残疾人、农村留守老人为主的低收入投资者。这个骗局最终被公安机关发现并查处，2018年，头目张天明被判处有期徒刑17年，并处罚金1亿元。

图 2-6　"善心汇"宣传海报

图 2-7　"善心汇"头目张天明被捕后接受采访

（3）用科技热点包装自己的"虚拟货币"骗局

2010—2020 年间，由于互联网技术的兴起，"庞氏骗局"开始披上各种高科技和金融创新的包装。最为典型的是将庞氏骗局包装成“运用区块链技术”的“虚拟货币”投资。诈骗者通过发行所谓的“虚拟货币”“虚拟资产”或“数字资产”，骗取投资者真金白银的投入。相较于一般的金融投资诈骗，这类骗局服务器设置在境外，更难追查，且维持时间更久、诈骗金额更多，给社会带来的危害也更大。

看了上面的内容，相信大家对“庞氏骗局”已经有了一个清晰的认识，那么我们要怎样判断一项投资是不是金融传销，以避免自己落入“庞氏骗局”的圈套呢？

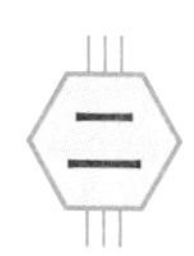

财教授实操课堂：金融传销的识别和防范途径

财教授提醒：但凡有人向你推荐“投资项目”，你可以按以下几个步骤判断这个项目是否是“金融传销”：

（一）初步自我判断

1. 投资收益率是否太高？

近年我国大型银行一年期普通理财产品的年化收益率约为 3%~5%。根据 2020 年 8 月的最新规定，我国对“高利贷”的界定调整为“超过一年期贷款市场报价利率（LPR）的 4 倍”（2020 年为 15.4%）。如果某个投资项目所承诺的收益率高于同期银行理财好几倍，甚至超过“高利贷”的年利率，那么基本可以判定这项“投资”有血本无归的巨大风险。

但这里要说明的是，收益率太高肯定有“猫腻”，并不代表低收益的项目就一定安全。有些项目收益不高却同样骗人，大家一定要结合其他特征综合判断。

2.“拉人头”是否会有高额奖励？

部分金融传销并没有强制要求“拉人头”，但是所有金融传销都会提供可观的“拉人头奖励”，来引诱人们主动介绍亲朋好友加入。“拉人头奖励”可以有很多不同的名称，例如“动态奖励”“推荐奖”“团队奖”“对碰奖”等。“拉人头”是金融传销得以维持的关键，只要有具有诱惑力的“拉人头奖励”存在，大概率可以判定其属于金融传销。

一般来说，只要对以上两个问题的回答都为“是”，就可以直接坚定地拒绝这类“投资项目”，并拨打110报警电话举报。因为此时，您大概率是遇上了金融传销。如果您还不确定，想要进一步核实，可以通过以下方式。

（二）借助线上工具查询

在我们日常使用的微信中，有一些可以用来查询平台合法性的权威工具，可以让身边信任的年轻人协助我们进行查询。例如，深圳市地方金融监督管理局联合腾讯公司共同打造出灵鲲金融安全大数据平台“灵鲲金融风险查询举报中心”。该平台能够查询 P2P、投资理财、外汇交易等 10 多个金融类别的投资平台是否为高风险平台。具体查询步骤如下：

灵鲲金融风险查询举报中心

图 2–8　微信查询工具“灵鲲金融风险查询举报中心”

第一，打开微信，点击最下方“发现”，再点击“小程序”。

第二，在最上方搜索栏中输入“灵鲲”，即可自动跳出“灵鲲金融风险查询举报中心”，点击进入。

第三，可在最上方搜索栏输入你所接触的“投资项目”的名称，或在“热门 P2P”“定性传销”和“传销曝光”栏下自行翻阅。

第四，如果觉得翻页太麻烦，也可以在上面的框中输入要查的内容进行搜索查询。如果感觉自己视力不好、操作不方便，可请子女帮忙查询确认。

目前，我们已经清晰认识到参与金融传销的危害有多大。您也可以把本章展示给您正在考虑，或已经陷入金融传销的亲属、朋友，尤其是那些想拉你下水或入伙的人，让他们能够早一些清楚认识到其中的巨大风险，尽快止损并报警，终身远离金融传销。

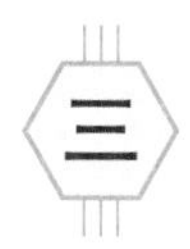

王大妈投资的“养老院”

——非法集资的识别和防范

（一）故事：王大妈投资“养老院”

王大妈从前是一名服装厂女工，现在退休好几年了，平时最喜欢和小区里其他老姊妹一起跳广场舞。有一天，广场旁边出现了一个西装革履的年轻人，他面前的桌子上摆满了礼品。不少人围着桌子，王大妈也经不住好奇凑了过去。

年轻人自称“张经理”，说他们公司正在郊区开发一个养老山庄，现在为周边的离退休老人提供“入股”的机会：只要投资 10 万元，就可以成为养老山庄的“会员”，在山庄里吃饭、消费、就医终身打三折；而且投资的钱每年能拿到 12% 的“入股分红”，投入越多分红越高，十年后还能返还本金；如果不退股，自己投入的钱以后还可以留给子女继续享受同等待遇。

王大妈一听来了兴趣。几天后，王大妈便和众多老年人一起登上了大巴，被张经理带到郊区的一个度假村进行“考察”。张经理招待众人在度假村里畅玩了一番，然后给各位老年人介绍，旁边正在建设中的工地就是他们的“养老山庄”。

王大妈一看环境确实不错，承诺的打折和分红也挺划算；加上这一趟郊游让张经理招待，让王大妈觉得怪不好意思的。于是，她当即就答应张经理，投入 10 万元。

接下来，王大妈果真每个月都收到1000元的“分红”，而张经理也会隔三差五提着东西去看望王大妈，这一来二去就让她觉得，这个“小张”比亲儿子还亲。

“分红”到账打消了疑虑后，为了“支持小张工作”，王大妈又追加了20万元投资，还号召舞伴们一起到张经理那里去“投资入股”。

和前面的投资回报不同，追加了20万后半年过去了，早该收到的分红却迟迟没到账。王大妈打电话给小张，小张说最近项目上资金紧张，下个月山庄就要开盘销售，资金很快就会回笼，到时会补上前面的分红；而且会根据欠款时间长短给予奖励，欠几个月就补几个月。想到分红可以翻倍，王大妈也就没再问了。

又过了三个月，王大妈正在考虑要不要催一下小张，欠的分红是不是应该到账了，毕竟山庄都开盘两个月了。她却突然接到了公安局的电话，警官在电话里告诉她，她遭遇了非法集资诈骗，现在犯罪嫌疑人均已落网，为了确认受害人的经济损失，需要王大妈带相关证件和材料前往公安局一趟。

王大妈来到公安局，里面已经排满了前来登记报案的老人。警官告诉她，“养老山庄”本身是一个没有资质的虚构项目，他们看到的只是一块挂了“养老山庄”牌子的烂尾工地。几个“头目”已经将老人们的投资款挥霍大半，剩下的钱在警方追缴清理后，会尽快按比例清退给大家；最乐观的估计，看能不能拿得回投资的 20%。警官还告诉她，那个“张经理”，正是落网的几名主要犯罪嫌疑人之一。

王大妈所遭遇的，正是非法集资犯罪当中的“集资诈骗”。不法分子通过虚构“养老山庄”项目，将骗取到的资金据为己有、肆意挥霍，给上当的人们造成了极大的经济损失。那么，到底什么是“非法集资”呢？

（二）非法集资的类别界定

“非法集资”这种犯罪活动可分为两种类型，分别是“非法吸收公众存款”和“集资诈骗”。这两种类型的犯罪活动又是怎样区分的呢？

1. 非法吸收公众存款罪

项目需要两百万资金，银行不给贷款怎么办？
我们上街筹钱？摆展发传单，承诺每年给 10% 的利息，肯定能筹够钱的！
你们这是违法的！将涉嫌非法吸收公众存款罪！

从漫画中我们可以得知，一般的单位或者个人，其实并不能像银行那样，以一定的利息回报去公开向公众吸收资金。就如同医生行医要有资质牌照一样，“吸收公众资金”也是需要资质牌照的。试想如果随便什么人拿着手术刀就能上手术台、拿着项目就能去街上筹钱，那我们的医疗体系、金融体系岂不是乱套了？我们的人身安全、资金安全怎能有保障？

所以，除了具备资质牌照的金融机构，其他单位或个人，以任何理由和形式吸收公众资金都是违法的；不管是以“投资入股”“募资发债”还是“基金理财”等名义，只要本质上是公开向陌生人吸收资金并承诺还本付息，都可能涉嫌非法吸收公众存款罪。

这些个人或者单位，只要直接或变相吸收公众存款达到以下金额、户数或直接经济损失的任意一项标准，公安局就可以立案侦查。

表 2–1 “非法吸收或者变相吸收公众存款行为”立案侦查标准

项目	个人吸收公众存款	单位吸收公众存款
金额	20 万元	100 万元
户数	30 户	150 户
直接经济损失	10 万元	50 万元

对于非法吸收或者变相吸收公众存款罪，《中华人民共和国刑法》第 176 条制定了以下量刑标准：

表 2–2　“非法吸收或者变相吸收公众存款罪”量刑标准

分类	有期徒刑或拘役	罚金
数额较大	3 年以下	2 万—20 万
数额巨大 或有其他严重情节	3 年—10 年	5 万—50 万

所以，一方面，如果我们自己缺钱需要资金周转，千万不能想着去街上、网络上向公众公开筹集借款，因为这是违法行为；另一方面，对于在大街上、网络上、陌生电话和短信中遇到的“投资机会”，一定要多留个心，不要轻易就把钱投出去。

2. 集资诈骗罪

如漫画中所示，“非法吸收公众存款”与“集资诈骗”的本质区别是：“非法吸收公众存款”本意上是为了生产经营而向公众借钱，打算归还本金、支付利息，也有能力还本付息；而“集资诈骗”本意上就没安好心，就是打算用各种幌子骗公众的钱，骗到后据为己有。

也有不少非法吸收公众存款，刚开始是打算还本付息的，但后期发现骗钱来得更轻松，干脆就转向了集资诈骗。因为集资诈骗性质更恶劣，所以集资诈骗罪的处罚相对来说也就更重。

表 2–3　“集资诈骗罪”量刑标准

分类	有期徒刑或拘役	罚金
数额较大	5 年以下	2 万—20 万
数额巨大或有其他严重情节	5 年—10 年	5 万—50 万
数额特别巨大或有其他特别严重情节	10 年以上或无期徒刑	5 万—50 万或没收财产

现如今，集资诈骗出现了与金融传销相互融合的趋势。有的加入“拉人头奖励”来搭建庞氏骗局，进而扩大自己的集资诈骗规模，其危害性也大大增加。

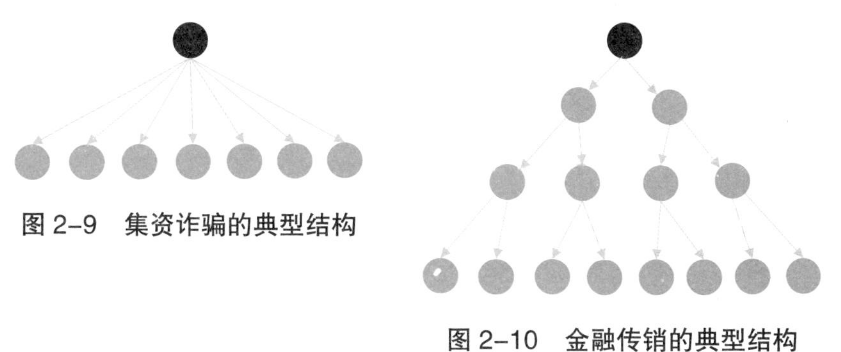

图 2–9　集资诈骗的典型结构

图 2–10　金融传销的典型结构

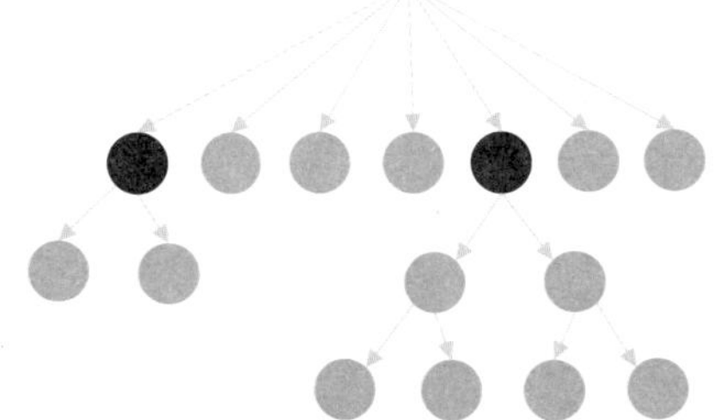

图 2–11　集资诈骗与金融传销融合后的结构

我们去正规金融机构投资理财，都会受到相关法律的严格保护；而参与非法集资、金融传销等活动，并不受法律保护。国务院令《非法金融机构和非法金融业务活动取缔办法》第十八条规定：因参与非法金融业务活动受到的损失，由参与者自行承担。所以在投资时，我们一定要注意避开非法集资的陷阱。那么，我们应该如何识别和防范非法集资呢？

财教授实操课堂：非法集资的识别和防范

财教授提醒： 如今，非法集资的变种各式各样，令人眼花缭乱，防不胜防。其实我们只需要确认是否符合以下三点，即“公开”“利诱”和“非法”，就可以判定对方是否属于非法集资：

（一）公开：不特定

首先，您可以看看对方是不是在公开向不特定的陌生人宣传并吸收资金。

公开宣传的方式，通常是摆展、发传单、开宣传会、发送手机短信和通过互联网、微信群、QQ 群等方式宣传。非法集资吸收资金的方式，通常是让人们汇款到某个银行账户上，或者刷 POS 机、收取现金等。不特定，指向那些没有特定关系的任何第三方进行宣传。如果宣传和吸收资金的对象，仅限制在少数亲友之间或者单位内部，则通常只算作一般的“民间借贷”，不属于非法集资。

（二）利诱：还本加收益

其次，您可以看看对方吸资的本质，是否要你先把钱交给他，他承诺会在以后某个时点归还本金并给予您一定好处。

这一点要求我们“剖开现象看本质”，不管对方以什么理由吸收资金：养老公寓、项目开发、投资理财、生产经营、床位预定、约定回购……您只看对方吸资的本质，是不是以未来回报的承诺利诱您先把钱交给他。其中“好处”或“回报”的形式既可能是金钱上的，例如利息、分红、佣金、奖金、提成或返点等；也可能是其他形式的，例如实物、礼品、打折优惠或股权等。与金融传销不同的是，非法集资不一定会承诺高收益。

非法集资通常都会在刚开始一段时间按承诺正常支付“回报”，以打消人们的疑虑，便于他们扩大非法集资规模。而这些回报与人们投入的资金相比，其实仅仅是九牛一毛。所以，一定不要因为对方支付了一点“回报”就消除了戒心。

（三）非法：未批准

最后，您一定要确认对方筹措资金的行为，是否经过有关部门依法批准。这一点是最关键也是难度最大的。我们在下文为您列举了查询的步骤和方法，您可以请子女或其他可以信赖的人来帮助您查询，也可以直接咨询相关专业人士，如警察、正规金融从业人员等。

1. 表格初查

我们为您列了一个简表，标明了一些常见金融投资产品在我国境内的合法主流投资渠道，您可以先根据产品类型，借助表格进行查询。

表 2–4　合法的主流投资渠道

存款	存款性金融机构：商业银行、信用合作社、邮政储蓄
债券	存款性金融机构、证券公司
基金	基金公司、存款性金融机构、证券公司
股票	证券公司
保险	保险公司、存款性金融机构

从上表可以看出，合法的投资渠道通常是在中国境内有资质牌照的金融机构。其他没有相关金融牌照的单位和个人，

不能公开吸收存款，出售债券、基金和保险，以及发行股票。

如果为您提供以上投资产品的，并不是有牌照的金融机构，您已经可以初步确认对方是非法集资。例如，有“养老公寓”或者“养老院”声称能让投资者“入股”的，其实就是在“非法发行股票”，并没有经过有关部门依法批准，已经属于非法集资。

2. 监管复查

若您需要进一步核实，可以先询问并让对方出具营业执照，确认对方属于哪一类金融机构，然后去管理他们的机构——即“监管机构”那里查询。

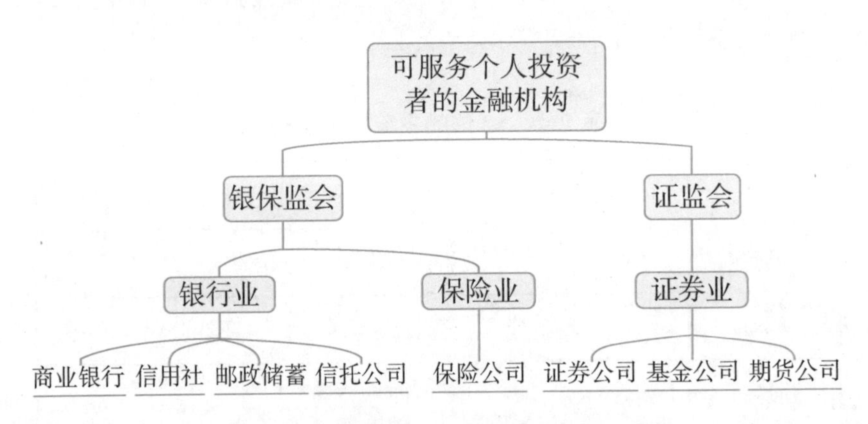

图 2–12　可服务个人投资者的金融机构

如上图所示：银行业——包括所有的商业银行、信用社、邮政储蓄和信托公司，保险业——包括所有的保险公司，它们都归“银保监会”管理。证券业——包括所有的证券公司、基金公司和期货公司，都归“证监会”管理。这样您就可以根据对方提供的公司类型，分别去其对应的监管机构查询。

此外，对于近些年新兴的“第三方理财”和“P2P 网贷”类投资，由于监管制度尚未完善，行业整体风险较高，个人辨识难度较大，一般不建议中老年人参与。根据最新国家相关规定，P2P 类机构已经全面取缔，任何人现在向你推销 P2P 类业务，都是非法的。

（1）查询银行业、保险业机构

如果对方称自己是银行或者保险公司，您可拨打银保监会官方电话 12378 询问；或登录银保监会官方网站，进入“金融许可证信息”的查询网页 http://xkz.cbirc.gov.cn/jr/，输入对方公司的机构名称、地址等信息进行查询。

“金融许可证”查询网页

（2）查询证券业机构

如果对方称自己是证券公司或者期货公司，您可以拨打证监会官方电话 12386 询问；或登录证监会官方网站，进入“合法机构名录”的查询网页 http：//www.csrc.gov.cn/pub/newsite/zjjg/hfjgml/xqhfjgml/，输入对方公司的机构名称、地址等信息进行查询。

“合法机构名录”查询网页

金融许可证信息

发布时间：2021年01月18日

机构持有列表

共查询出 227354 条数据（用时约 0.216 s）

	序号	机构编码	证件流水号	机构名称	批准成立日期	发证日期
1	1	B0006S334150007	00665900	[illegible]	2021-01-14	2021-01-15
2	2	B0207S251010117	00716920	[illegible]	2011-07-20	2021-01-15
3	3	B0207S251010169	00716921	[illegible]	2020-12-01	2021-01-15
4	4	B2017H335070001	00614269	[illegible]	2006-03-27	2021-01-15
5	5	B2017S335070001	00614270	[illegible]	2006-03-27	2021-01-15
6	6	B2017S335070008	00614277	[illegible]	2006-03-27	2021-01-15
7	7	B2017S335070005	00614274	[illegible]	2006-03-27	2021-01-15
8	8	B2017S335070017	00614286	[illegible]	2006-03-27	2021-01-15
9	9	B2017S335070012	00614281	[illegible]	2006-03-27	2021-01-15
10	10	B2017S335070019	00614288	[illegible]	2006-03-27	2021-01-15

第 1 页共 22736 页　　显示第 1 条到 10 条记录，一共 227354 条

图 2-13　金融许可证的查询

中国证券监督管理委员会
CHINA SECURITIES REGULATORY COMMISSION

首页 HOME　政务：信息公开　政策法规　新闻发布　信息披露　统计数据　人事招聘　服务：办事指南　在线申报　监管对象　业务资格　人员资格　投资者保护　互动：公众留言　信访专栏　举报专栏　在线访谈　征求意见　廉政评议

您的位置：首页 > 中介机构 > 监管对象 > 合法机构名录

监管对象
- 合法机构名录
- 辖区公司名录

合法机构名录　更多

- 完成首次备案的证券评级机构名录（按照系统报送时间排序）　2021-01-11
- 合格境外机构投资者名录（2020年11月）　2020-12-16
- 合格境外机构投资者托管行名录（2020年11月）　2020-12-16
- 公募证券投资基金名录(2020年11月)　2020-12-16
- 证券投资咨询机构名录（2020年11月）　2020-12-16
- 公募基金管理机构名录（2020年11月）　2020-12-16
- 基金管理公司从事特定客户资产管理业务子公司名录（2020年11月）　2020-12-16
- 证券公司名录（2020年11月）　2020-12-16
- 证券投资基金托管人名录(2020年11月)　2020-12-16
- 公开募集基金销售支付结算机构名录(2020年11月)　2020-12-16
- 期货公司名录（2020年11月）　2020-12-04
- 人民币合格境外机构投资者名录（2020年10月）　2020-11-16
- 被采取暂停新增客户的行政监管措施且处于整改期的证券投资咨询机构名录（2020年9月）　2020-10-22
- 从事证券期货业务会计师事务所目录（2019年12月）　2020-01-06
- 从事证券期货业务资产评估机构目录（2019年12月）　2020-01-06

图 2-14　证券业机构的查询

（3）查询基金行业机构

如果对方称自己是基金公司、销售基金产品等，您可以进一步登录中国证券投资基金业协会信息公示系统查询网页 http: //www.amac.org.cn/informationpublicity/membershippublicity/，在名录中进行搜索查询。

中国证券投资基金业协会信息公示系统

图 2–15　证监会合法机构名录界面

在查询过程中如果遇到以下几种情况中的任意一种，就可以判定对方为非法或虚假金融机构：

①对方无法出具营业执照。

②对方提供金融投资产品（如理财、基金等），但不属于有牌照的金融机构。

③在监管机构查询不到该机构的相关信息，或对方提供的信息与监管机构公示的信息不符。

综上所述，经过您的判断及查询，如果“公开”“利诱”和“非法”三点都符合，就基本可以断定对方为非法集资。您就可以毫不犹豫地拨打 110 报警，避免更多人受到伤害。

金融传销防骗口诀

“投资项目”天上掉，“带你发财”吹得妙；

拆东墙来补西墙，随时崩盘卷款跑。

金融传销伪装多，识别起来有诀窍；

资质牌照查不到，“拉人头”来奖励高。

“静态”“动态”“对对碰”，三层下线即传销；

不贪心来不侥幸，传销把我骗不到。

防范非法集资口诀

养老公寓或项目，邀你“投资”要当心；
给点“利息”当甜头，卷款跑路失本金。
吸收资金需牌照，否则违法要入刑；
公开利诱且非法，监管信息要查清。

五德财商之本章财德

投钱之德源于智，融钱之德源于信

投德：面对投资产品，务必要通过正规监管渠道进行核实，结合自己的经验和经历，运用智慧和理性判断是否可以投资；必要时，请从正规渠道咨询专业人士。

融德：借款融资需要通过正规金融渠道，按照正规流程进行，切勿私自公开向公众融资。同时，借款融资要做到守信遵约、有借有还；个人信用十分宝贵，一定要珍惜。

本章知识要点

金融传销与非法集资

- **金融传销（庞氏骗局）的流程**
  - ①虚构“投资项目”并承诺高收益
  - ②“拆东墙补西墙”维持骗局
  - ③“拉人头奖励”扩大骗局
- **金融传销的识别和防范**
  - ①初步自我判断
    - 投资收益率是否太高？
    - “拉人头”是否会有高额奖励？
  - ②借助线上工具查询
    - 借助微信工具查询
- **非法集资的分类**
  - ①非法吸收公众存款
  - ②集资诈骗
- **非法集资的识别和防范**
  - ①是否公开：公开宣传并向不特定公众吸收资金
  - ②是否利诱：承诺未来归还本金、支付回报
  - ③是否非法：未经有关部门依法批准
    - 表格初查：合法渠道查询
    - 监管复查：监管公开信息查询

投资不是赌运气

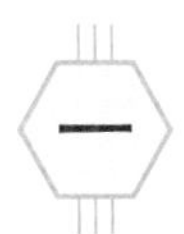

老秦和小秦的投资之路

——真正的投资到底有多专业

老秦原来是个小企业主，经营着一家小型家具厂。这几年生意越来越不好做，老秦干脆卖掉了家具厂，拿着这些年做生意积攒的钱开始了退休生活。

老秦的儿子小秦成绩优异，高考考取了重点大学的金融专业，一路顺利读完了研究生。毕业之后去了国内一家知名的风险投资公司工作。风险投资公司，简称“风投”或“创投”公司，是金融行业里从事企业投资的专业机构。他们的工作就是拿着大笔的钱，去市场上寻找有潜力的、还未上市的企业投资入股，又称“股权投资”；在企业发展壮大或成功上市后，就卖出升值的股权，获得投资收益。

这几年，非专业的老秦和专业的小秦，都开始了各自的“投资之路”。接下来就让我们看看，同样是投资，“非专业”和“专业”究竟有什么不同？

专业储备

非专业

老秦20世纪60年代出生，中专文凭，喜欢看财经新闻和投资故事，但从来没有系统学习过投资。

专业

小秦是重点大学金融学硕士，小秦的同事们也都是科班出身的名校金融学、法学、会计学等专业的硕士、博士，具有过硬的专业知识和优质的校友人脉圈子。

项目选择

非专业

老秦以前生意上的一个朋友，想拉着他一起去投资一家小额投资公司。老秦想起之前，也有个亲戚推荐他去投资一个准备海外上市的公司的“原始股”。他决定都去了解一下。

专业

小秦的公司经过广泛撒网和主动出击，今年总共搜集到 5000 多家企业的商业计划书。在富有经验的老同事带领下，他们从中筛选出约 500 家最优秀的企业准备进一步约见。

项目调查

老秦分别去小额投资公司和那个准备“海外上市”的公司听了他们的“宣讲会”，自己回家在网上查了查，又跟几个做生意的朋友聊了聊。思来想去，还是打算跟着朋友去投资小额投资公司。

小秦和同事们分工协作，分别约谈了这500家企业的高管，又从中选出200家开始下一步的全面调查。他们在每个企业驻扎一周，走访企业的每个部门，调查企业的团队管理、财务状况、法务情况、核心技术、市场环境等，最终筛选出了60家进入最后谈判。

项目投资

非专业

老秦去小额投资公司的办公室签了一份“入股合同”。合同的字有点小，看不清，老秦就没仔细看条款，心里想着反正有朋友带着一起投。然后，老秦就按照朋友发的银行账号把钱打过去了。

专业

小秦的公司与这 60 家企业进行了详尽的谈判，最终与其中 50 家企业达成投资意向。随后双方签署了投资协议，并按照协议，在注资后前往工商局办理了相关的入股登记手续。

投后退出

非专业

几个月后，老秦突然发现小投公司的负责人联系不上了，他赶紧联系朋友，结果发现也联系不上。老秦来到公司门口，看到已经聚集了一大群人，这才听说，负责人眼看资金链快要断裂，卷款跑掉找不着了，而且——他的朋友也是跟着跑路的几个关联人之一！

专业

5年后，小秦的公司当年投资的50家企业中，已有10家成功上市，公司逐渐卖出了这些企业的股权，获得了数十倍的投资收益。针对还未上市的企业，公司也正在积极找寻其他的方式退出投资。

从上面这个故事中我们可以看出，在投资领域，非专业和专业有着天壤之别。即便是小秦所在的专业投资机构，从最初收到 5000 家企业的信息，到最终投入资金的也仅有 50 家——真可谓是“百里挑一”。在这投入的 50 家中，5 年内能够成功上市、获得高额收益的也仅有 10 家，成功率仅为 20%。而这个数据，基本上能够代表我国较优秀的一批专业风险投资公司的平均水平。

专业的尚且如此，更何况我们大多数普通人，不具备过硬的专业知识、丰富的投资经验、广泛的业内人脉，也没有专业团队分工协作，以及百里挑一的踏实与专注。像老秦，遇到个“投资项目”，听对方忽悠两句，就敢把自己的血汗钱往里投，不能不说真是“心大”啊！

老秦和小秦的故事，还反映出当下一个重要问题，就是两代人的沟通交流越来越少了。即便家里有从事相关专业的晚辈，老一辈还会上当受骗的事情，在现实生活中比比皆是。所以，在心存疑虑的时候，拿起电话问问家中的晚辈，并相信孩子们给出的判断，也是一个不错的选择。

（一）投资是很专业的事

所谓“术业有专攻”，对于专业投资者来说，投资是一门有规律可循、有章法可依、可积累经验的工作；但对于缺少专业投资经验的人来说，投资无异于闭眼抓阄，本质上和赌博没有太大区别。金融机构最大的作用，就是将复杂的、专业的投资过程简化成一个个投资产品，送到投资者面前，供投资者挑选。

就如同我们想要喝牛奶，并不需要我们自己费力地去买牧场、买奶牛、养奶牛、挤奶……我们只需要去正规超市购买自己喜欢的牛奶就好。而这背后，是整个畜牧行业、无数专业团队的配合与付出。他们以丰富的养殖经验、科学的生产流程，将品质优良的牛奶送到我们面前。

同样，如果想投资，也不需要我们耗费巨大精力去市场上搜寻、调查、分析、谈判……我们只需要去正规金融机构选择适合自己的投资产品就好。这背后也是整个金融行业、无数专业团队的勤劳与合作。他们以丰富的投资经验、科学的监管流程，将质地优良的投资产品送到我们面前。

我们都知道，如果不去正规超市购买经过检疫、消毒的牛奶，可能会有食品安全问题；同样的，如果不去正规金融

机构购买经过专业团队筛选、监管审查备案的投资产品，也会有资金安全问题。

近几年，部分中老年人热衷于“投资”，但并非通过正规金融机构去投资，而是在街上、在网络上、通过陌生电话或亲戚朋友那里接触到某个“投资项目”，去听几次天花乱坠的宣讲会，看到有人投入后拿到了“回报”，就轻易地将自己的钱投了出去，结果往往也是可想而知。

根据360企业安全集团、360猎网平台发布的《2019年网络诈骗趋势研究报告》，从23岁到58岁+的人群，举报最多的网络诈骗种类都是“金融诈骗”。而且，随着年龄的增长，网络诈骗的人均损失金额也呈现增长趋势。中老年人由于积蓄相对较多，一旦遭受金融诈骗，人均损失金额也较大。因此，我们中老年群体尤其要注意投资安全的问题。

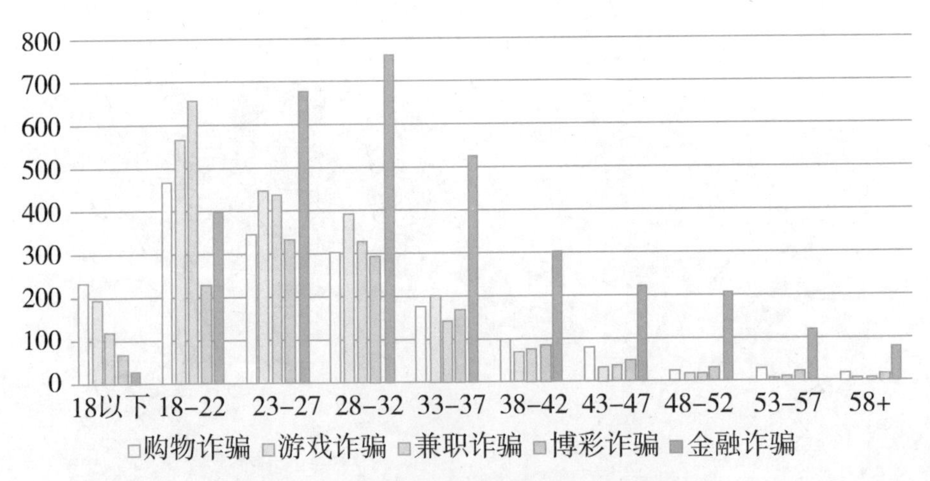

图3–1　2019年各年龄段主要被诈骗类型

（二）金融投资产品的风险

当我们选择通过正规金融机构购买正规金融产品之后，是否就万事大吉了呢？当然不是，因为在这些金融产品当中，也有风险等级高低的不同。接下来，就让我们通过学习了解一下投资市场上的“风险”。

1. 风险等级的划分

风险，在金融市场中，一般是指产生损失的可能性或者不确定性。对于任何投资产品，风险都是客观存在的，只是损失发生的概率和程度有所不同。

金融机构在销售金融产品时，都会对产品的风险等级进行划分。以银行为例，一般会将金融投资产品（银行称为“理财产品”）的风险等级，由低到高划分为五种：R1（低风险）、R2（较低风险）、R3（中等风险）、R4（较高风险）、R5（高风险）。

表 3–1　银行金融投资产品风险等级划分

标识	风险等级	风险描述
R1	低风险	一般保证本金完全偿付，产品收益较少受到市场波动和政策法规变化等风险因素的影响，主要投资于高信用等级债券、货币市场等低风险金融产品。

续表

标识	风险等级	风险描述
R2	较低风险	不保证本金的偿付，但本金风险相对较小，收益浮动相对可控，主要投资于债券、同业存放等低波动性金融产品，严格控制股票、商品和外汇等高波动性金融产品的投资比例。
R3	中等风险	不保证本金的偿付，有一定的本金风险，收益浮动且有一定波动。产品主要投资于债券、同业存放等低波动性金融产品，而投资于股票、商品、外汇等高波动性金融产品的比例原则上不超过 30%，结构性产品的本金保障比例在 90%以上。
R4	较高风险	不保证本金的偿付，本金风险较大，收益浮动且波动较大，投资较易受到市场波动和政策法规变化等风险因素影响。投资于股票、商品、外汇等高波动性金融产品的比例可超过 30%。
R5	高风险	不保证本金的偿付，本金风险极大，同时收益浮动且波动极大，投资较易受到市场波动和政策法规变化等风险因素影响。产品可完全投资于股票、外汇、商品等各类高波动性的金融产品，并可采用衍生交易、分层等杠杆放大的方式进行投资运作。

对应的，银行也会让投资者进行自我测评，并根据风险承受能力从低到高将投资者划分为五类：C1（保守型）、C2（稳健型）、C3（平衡型）、C4（成长型）、C5（进取型）。每一类投资者可以购买不高于自己风险承受能力等级的理财产品。例如，一个 C2 稳健型的投资者，可以购买风险等级为 R1、R2 的理财产品；一个 C3 平衡型的投资者，可以购买风

险等级为 R1、R2、R3 的理财产品。这样对应起来，在一定程度上能够避免投资者购买的理财产品超过自身风险承受能力。假如投资者想购买高于自己风险承受能力的理财产品，则会收到额外的风险提示，需要再三确认后才能购买。

风险等级划分，是金融机构保护投资者的措施之一。我们在购买理财产品时，也能通过查看理财产品的风险等级，在心中大致明白这个产品的风险高低，作为我们投资决定的参考。

2. 对于风险的态度

除了金融机构对投资者的保护措施，面对各式各样的投资，更重要的是我们自身对风险的态度。下面两个关于风险的常见心理误区，需要我们警惕。

误区 1：“高风险就能带来高收益，低收益意味着低风险”

通常情况下，投资一类金融产品可能带来多少收益，是和投资它将会承担的风险成正比的。但反过来的推导却不能成立。也就是说，收益高通常风险大，但风险大却不一定收益高。

这就好比说，在通常情况下，一个人可能取得多大成就是跟其付出的努力成正比的；但并不是很努力的人就一定会有大成就——如果努力方向错了就不能。同样，如果投资方向错误，风险可能无限大，但收益却不一定高，甚至很可能将本金都亏损掉。

所以，并不能因为一个投资产品风险大，就判断它能带来高收益；风险大，只是意味着出现大额损失的可能性更大，并不能直接推导出其收益的高低。如果有人说，风险大而收益还低，这些产品能卖得出去吗？骗子们最惯用的一类话术，就是“没有高风险，哪来高收益？”“撑死胆大的，饿死胆小的！”这些似是而非的话，目的就是将高风险等同于高收益，盲目渲染风险的美好，误导大家，诱使大家上当受骗。

另外，风险低通常收益低，但收益低并不意味着风险低。这就好比说，在通常情况下，一个人努力不足，取得的成就也会比较小；但并不能说一个人成就小，就一定是努力不足——

还可能是努力错了方向。和上一个错误一样，如果投资方向错误，风险可能无限大，但收益却不一定高。所以，我们也不能因为一个投资产品收益低，就判断它的风险小。

有些非法集资不会承诺高收益，他们惯用的话术就是“你看我们的产品收益也不高，怎么可能有什么大的风险？”……这类话术的本质就是将低收益等同于低风险，用低收益来洗白自己，让自己更有欺骗性。

误区 2：“总有人会来给我兜底”

在过往的非法集资案件中，不少中老年人存在“跟风投资”的问题：看见周围的亲戚朋友在投资某个产品，自己也没有弄清楚产品的结构和风险，就跟着投了，认为“反正这么多人都在投，出事了肯定会有政府来给我们兜着”。殊不知，这其实是对自己不负责任的想法和做法。

国务院令第247号《非法金融机构和非法金融业务活动取缔办法》中，有如下两条：

第十八条　因参与非法金融业务活动受到的损失，由参与者自行承担。

第十九条　非法金融业务活动所形成的债务和风险，不得转嫁给未参与非法金融业务活动的国有银行和其他金融机构以及其他任何单位。

可见，参与非法金融业务活动，包括金融传销和非法集资，从法律上都需要自己去承担损失，实际案件中也是如此。试想，如果人们去参与非法金融活动，赚了钱是自己的，亏了钱都要政府来补偿，那岂不是要让政府用财政资金给骗子兜底，变相鼓励人们都去行骗、都去参与非法金融活动了？！

那么，假如我通过正规金融机构投资正规金融产品，金融机构会不会为我的投资损失负责呢？——这个得分情况。

假如你在购买金融产品前，金融机构通过合同文本（纸质合同和电子合同均有法律效力）、录音录像等方式充分揭示了相关金融产品、投资活动的性质和风险，不存在欺骗和虚假宣传等行为，也没有主动向你推介高于你风险承受能力的产品，而你又自主签署了合同，自主完成交易表示了确认——那就认为你是本人知晓风险且自愿购买，如果投资产生损失也应由自己承担。简而言之，在金融机构履行了法定义务，且没有不合规、不适当行为的情况下，你需要完全为自己的投资负责。

假如金融机构或金融从业人员，在营销金融产品或提供金融服务时，存在欺骗、虚假宣传、夸大收益等行为——即“不合规”行为；或是主动向你推介高于你风险承受能力的产品——即“不适当”行为；而你又保留了以上相关证据，那么根据最高法院《九民会议纪要》第 77 条和《民法总则》第 167 条，就可以要求相关机构和销售人员承担连带赔偿责任。一句话，如果我们自己都不能对自己的钱负责，还奢望谁来替我们负责呢？即使对正规金融机构的正规产品，我们也仍然不能随意投资，而是需要认真弄清所提示的风险，根据自己的风险承受能力，考虑到最坏的情况后再做选择。

随着“资管新规”按计划落地执行，“刚性兑付”将逐步打破，“保本型”金融产品也会逐渐退出历史舞台。所谓刚性兑付，就是理财产品到期后，该产品的发行机构会按照合同约定分配给投资者相应的本金和预期收益，当投资出现

不能如期兑付或兑付困难时，机构需要兜底处理，保障投资者的本金和预期收益不受损失。逐步打破刚性兑付，即金融机构不再承诺保本保预期收益，当出现兑付困难时，金融机构不会进行垫资兑付——也就是说，投资损失都将由投资者个人承担。

“卖者尽责，买者自负”原则：

金融产品的销售者应尽责做好适当性管理和投资风险揭示，而投资者在此基础上对自己的投资全权负责——这既是目前金融消费者权益纠纷案件审理的原则，也是未来整个金融理财行业发展的趋势。

所在未来，不计风险地盲目投资会越来越危险，我们不仅需要避开各种非法金融业务活动对还需要在正规的金融机构和金融产品中，审慎选择适合自己的投资产品，需要比以往更加注意投资风险。“闭着眼睛买理财”的时代将一去不复返。

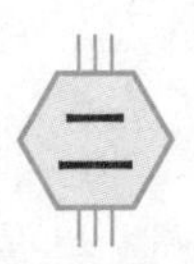

财教授实操课堂：中老年人“赌”的究竟是什么

财教授：投资是一门有关“概率”的学科，任何投资行为都存在风险，只是风险发生的概率有所不同。投资与赌博的最大区别是：投资有规律可循，我们能够通过自身的努力，大幅降低亏损的概率，并提高获利的概率，达到投资双赢的结果；而赌博则是纯粹的随机概率游戏，按庄家规矩设计或设定的赌博游戏或赌局，获利者永远是背后的庄家。

面对市场上的风险，我们在投资理财之前，首先要有充分的自我评估。只有清楚自己的“筹码”，才能知道自身的风险承受能力，才能确定自己能够冒多大概率的风险。我们可以问自己以下几个问题，来数一数自己的“筹码”：

（一）我有多少专业储备——专业筹码

专业储备，主要包含投资理论知识与实际操作经验，这些都是支撑我们做出投资决策的基础。

假如我们想要投资股票，需要自查的理论知识包括：会不会看 K 线图？是否懂得各类技术指标？能否读懂财务报表和企业公告？能否看懂经济数据和研究报告？等等。此外，我们还需自查股票投资的操作经验，从这些经验中，看是否可以提取足够的规律和法则为我们所用。

假如我们想要投资基金，需要自查的理论知识包括：是否懂得基金的分类和特点？是否知道如何挑选基金？能否看懂基金的走势和数据？能否判断买入与卖出的时点和方式？等等。此外，我们还需自查基金投资的操作经验，总结过往成功与失败的经验或教训，能为自己下一次投资基金所用。

如果自身的专业储备较为匮乏，就说明我们这方面的筹码不足，此时需要更加谨慎，或者寻找其他的筹码来支撑我们的投资。

（二）我有多少时间来试错和纠错——时间筹码

时间筹码，即我们能为投资失误支付多少纠错的时间成本。

在投资方面，年轻人有足够的时间和精力来试错、纠错，哪怕一次投资失误导致本金亏损殆尽，也依然可以重新来过。但对于临退休或已经退休的中老年人来说，财富最有效的积累期已过，一次重大的投资失误就可能失去辛苦一生累积的财富，并且再难恢复。

所以，在面对中、高风险的投资产品，面临高回报的诱惑时，我们一定要先冷静下来想想：如果最终投资失误，我们能不能扛得住这样的损失？我们的时间筹码，还能否让失去的财富恢复如初？

（三）我有多少资金来试错和纠错——财富筹码

财富筹码，即我们有多少钱可以用来承担投资风险的损失。

西方经济学界有一句谚语“不要把所有鸡蛋放在同一个篮子里”，这句话告诫我们，要通过分散投资来降低风险。许多人投资失误、一夜返贫的最主要原因，是他们把所有身家都投入了同一类投资产品当中，且通常还不是低风险产品，导致投资风险远远超过了自己的承受能力。这种不顾自身实际承受能力的行为，已经不是投资，而是在拿自己的身家性命做赌博！

在参与中、高风险投资时，一定要把投资金额严格控制在自己能够承受的范围之内，降低试错成本。科学的做法是，将用来承担风险的投资资金与用来保障生活的日常资金严格分开，这样，即使出现重大投资失误，也不致影响到自己的正常生活。有经验的投资人都懂得，在投资市场上，“活下来”通常比“赚大钱”更重要。一定要随时提醒自己，投资是专业工作！不是碰运气，更不是赌博！

投资理财口诀

投资不是赌运气，知识经验认真比；
风险等级先了解，风险态度要合理。
“卖者尽责”讲清晰，“买者自负”不兜底；
投资交给专业人，正规机构保护你。

五德财商之本章财德

保钱之德源于礼，投钱之德源于智

保德： 我们要保护自己的财富，就需要对市场怀有敬畏之心，学习投资市场的规律法则，尊重专业，不能盲目“赌博”。

投德： 投资是一项专业的事，在自身专业能力无法胜任时，借助他人之“智”，把专业的事交给专业的人，通过正规金融机构，在专业人员的指导下进行投资，也是智慧的体现。

本章知识要点

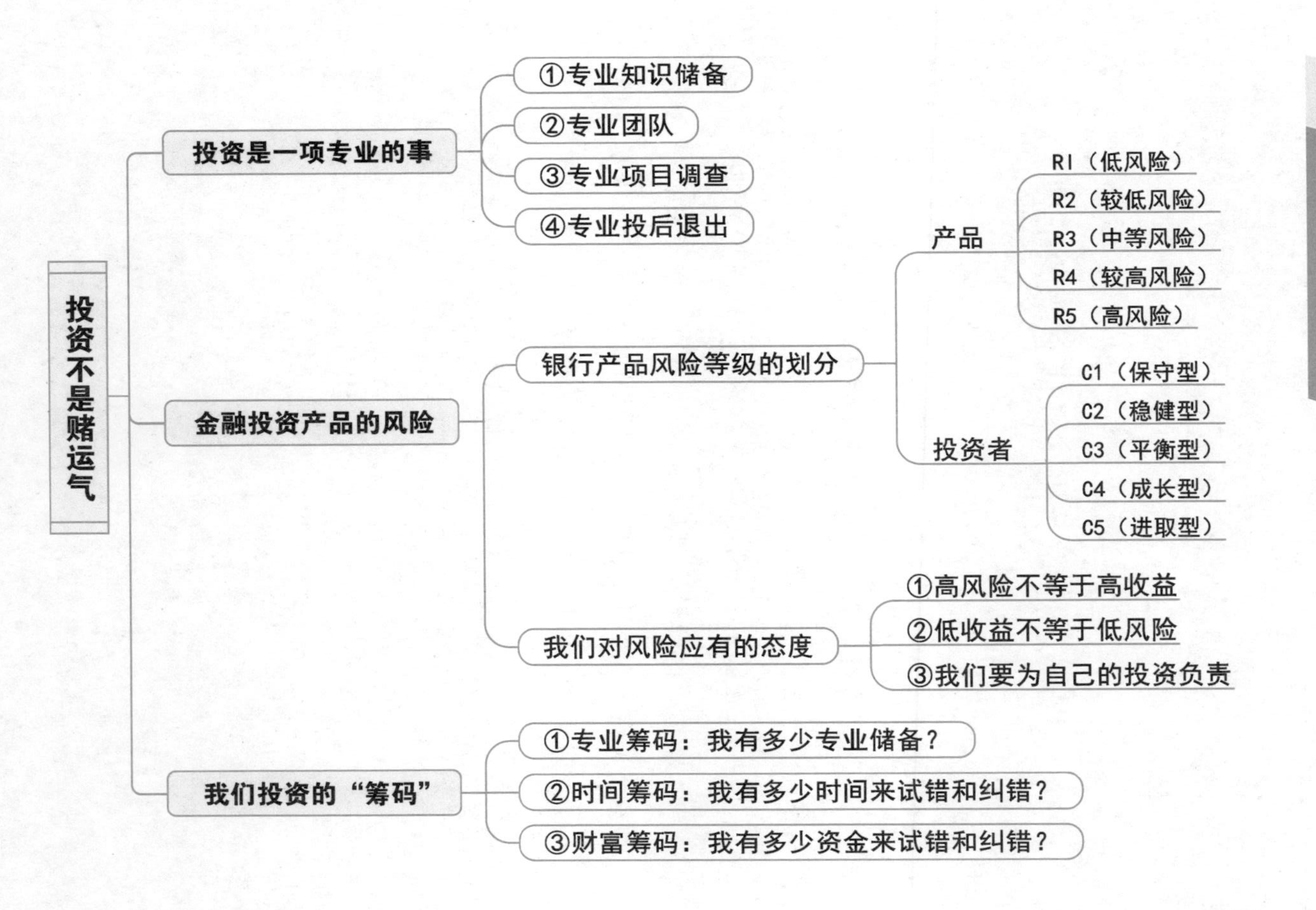
投资不是赌运气
投资是一项专业的事
①专业知识储备
②专业团队
③专业项目调查
④专业投后退出
金融投资产品的风险
银行产品风险等级的划分
产品
R1（低风险）
R2（较低风险）
R3（中等风险）
R4（较高风险）
R5（高风险）
投资者
C1（保守型）
C2（稳健型）
C3（平衡型）
C4（成长型）
C5（进取型）
我们对风险应有的态度
①高风险不等于高收益
②低收益不等于低风险
③我们要为自己的投资负责
我们投资的“筹码”
①专业筹码：我有多少专业储备？
②时间筹码：我有多少时间来试错和纠错？
③财富筹码：我有多少资金来试错和纠错？

—第4章—

Chapter Four

中老年家庭的资产配置

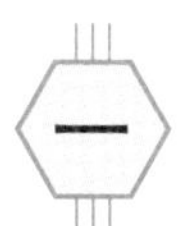

故事：雷大伯的“大钱梦”

年过六旬的雷大伯，退休前跟老伴儿都一直在事业单位工作。现在退休了，家庭和睦、儿孙孝顺，退休金也还算满意，但他总感觉生活有些美中不足。原来，雷大伯跟老伴儿领了一辈子的“死工资”，对比身边那么多好像轻轻松松就发了大财的人，心里多少有些不甘。

比如，雷大伯的老同学梁胖子，当年成绩不好、脑瓜子也不灵光，毕业后去了广东做生意，前几年开同学会的时候，已经是开着豪车、身价上亿的大老板了；下属老薛，十几年前为了孩子上学去北京买了两套房，前几年退休后卖掉一套，拿着一千多万，带着老伴儿跟孩子去国外养老了……雷大伯身边有不少朋友，都赶上了一次甚至几次“挣大钱”的机会，可自己从来没有搭上过一趟“赚大钱”的快车。他一直后悔以前胆子不够大，活得有点“窝囊”，让一次次那么好的赚钱机会凭空溜走。

雷大伯帮儿子付了婚房的首付之后，家里还剩一百来万的积蓄。他看着这些积蓄，心想，以前是自己胆子太小而且没时间考虑投资的事。现在有时间了，再也不能那么“老套”和“窝囊”，人这一辈子总应该“勇敢”一点，努力去赚点“大钱”！

于是雷大伯把家里的所有积蓄都拿了出来，七成买了一套郊区的房子，三成跟着亲戚投资了一家火锅店，打算平时就靠老两口每月的退休金过日子。雷大伯感觉这次安排得很好——一方面，房子应该会涨价升值；另一方面，火锅店如果生意好，还能拿分红。他成天心里美滋滋地盼望着，觉得出人头地的时候就要到了！

谁料“天有不测风云”！没多久，雷大伯在洗澡时摔倒引发脑梗，被紧急送往医院。脑梗的治疗和康复急需大笔医药费，而家里所有的积蓄都投在了房子和火锅店里。房子因为限售卖不出去，投进火锅店的钱也退不出来，一家人急得团团转。老伴儿东奔西走，四处找亲戚朋友借钱，走破了鞋、磨破了嘴，才把钱凑齐，才跟上了付后续的医药费，让雷大伯完成治疗。接下来，一家人又开始焦虑，去哪里找钱归还这些借款……

雷大伯的故事告诉我们“一分钱难倒英雄汉”，就算是自己有“钱”，如果配置不当也会出问题，比如像雷大伯这样全投到不能及时变现的资产上——特别是当我们没有考虑到意外情况的财务需求，比如疾病、意外等，而盲目追求高收益时，就可能出现“现金危机”或流动性危机。要知道，关键时候，只有现金才能解决问题，医院可不会接受用房产或股权来支付账单。

每个人在人生的不同阶段，所面临的收支情况、财富状况和理财需求是各不相同的。相较于其他年龄阶段，中老年人的财富状态具有哪些特点呢？我们可以通过以下这个收支曲线图来看看大多数人一生的收入、支出变化情况：

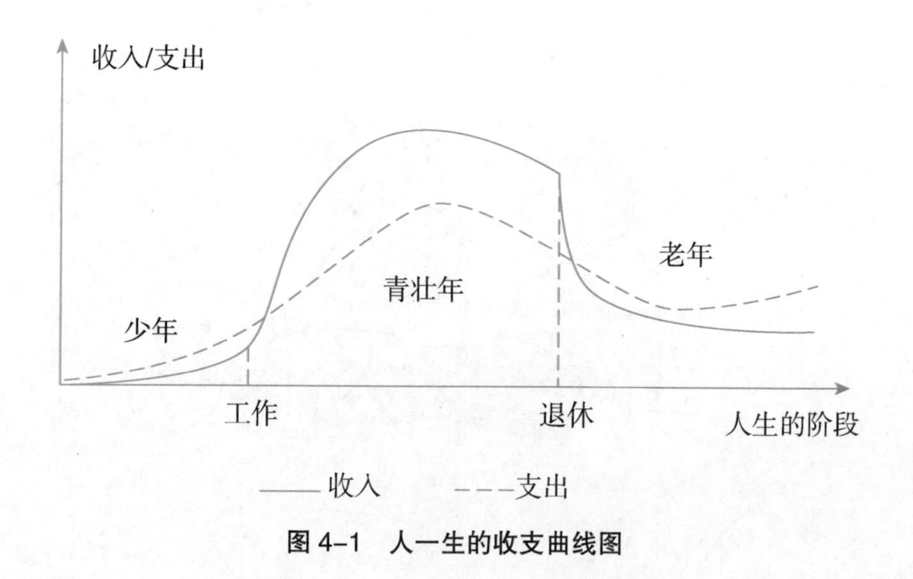

图 4–1　人一生的收支曲线图

我们的收入从青年时期开始上升，随着工作而提高，到退休前期到达高点，退休后急剧下降。我们的支出从出生就开始上升，随着养儿育女、赡养父母，在青壮年时期达到高点，然后逐步下降；到了老年后期，又由于医疗护理需求增大而逐步上升。

少年时期，长辈为我们开支，我们学习知识，为创造财富打基础；青壮年时期，我们工作打拼、创造财富增量，在抚养家人的同时，努力创造财富；到了老年时期，我们用已有积蓄为自己开支，颐养天年，管理财富存量。

在中年后期及老年阶段，由于我们已经完成了大部分人生目标，积累了足够的财富，增加收入已经不再是主要目标。我们的目标应是管理好这些财富，让它们更高效地服务于我们的晚年生活，甚至还有余力给晚辈一些支持。

所以，对于中老年家庭来说，理财的主要目标已经不是创造财富的增量，而是管理好已有财富的存量。

（一）为什么要做家庭资产配置

所谓“资产配置”，简单来说，就是把我们积攒下来的钱以不同形式的资产存放起来，例如现金、房产、实业、理财、基金等。我们在做资产配置时，需要把夫妻二人的财产看作一个整体，即“家庭财产”，以便于对整个家庭做全面考量。

1. 我国家庭资产结构存在的问题

资产配置非常重要，它决定着家庭财富的使用效率。如果家庭的资产配置结构不合理，就可能给我们的生活带来不利影响，就像雷大伯一样，此时需要我们及时进行调整。

经济日报社中国经济趋势研究院编制的《中国家庭财富调查报告 2019》显示：我国城镇居民家庭房产净值占家庭人均财富的 71.35%，农村居民家庭房产净值的占比为 52.28%。我国居民家庭金融资产配置结构单一，依然集中于现金、活期存款和定期存款，占比高达 88%，接近九成。

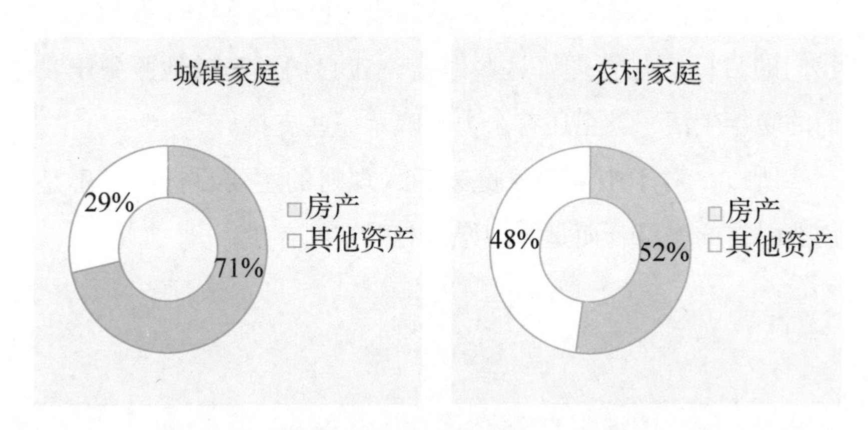

图 4–2　家庭房产净资产占家庭人均财富的比例

数据来源：《中国家庭财富调查报告 2019》

以上统计数据反映出我国家庭资产配置存在的两个普遍问题：第一，房产配置占比过高；第二，金融资产结构单一。

①房产配置占比过高

我们需要意识到，房产在流动性方面存在缺陷，在急需用钱时难以快速转换成现金。同时，房产在传承时，也隐藏着高昂的税费成本。对于只有一套住房的家庭来说，我们无法调整房产配置，只能尽可能调增金融资产；而对于拥有多套房产的家庭来说，我们需要认识到，将大部分钱都投在房产上，并非科学的家庭财富配置方式。

很多人投资房产，无非是觉得过去房价涨得快，但从当前来看，房产价格还会继续像过去那样疯涨吗？

其实，随着我们国家的经济转型，“房住不炒”已经成为坚定不移的政策方向，房价在过去二十年间的上涨态势再难重现。根据上海易居房地产研究院发布的《50城住宅综合收益率研究》2020年第三季度报告，从数据我们可以看到，3年来，我国各城市的住宅综合收益率[①]呈现明显的下降趋势。

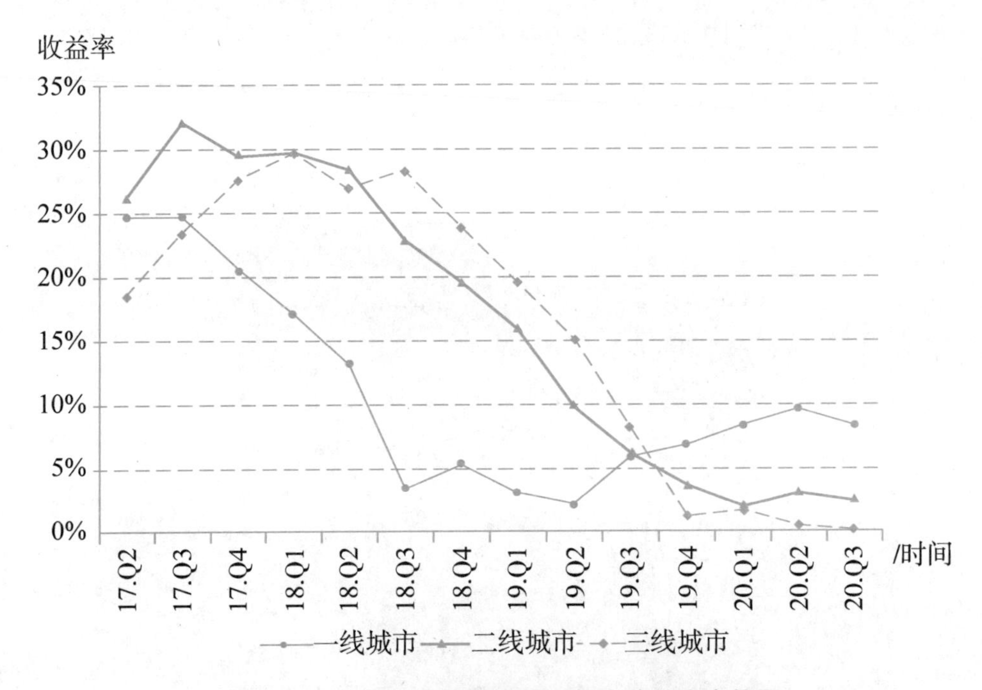

图4–3　一、二、三线城市住宅综合收益率走势图

数据来源：城市房产网、易居研究院

① 住宅综合收益率 =（过去一年按房价的上涨收益 + 过去一年的租金收益）/ 一年前的房价。

根据报告，2020 年三季度，一线城市、二线城市和三线城市的住宅综合收益率分别为：8.4%，2.6%，0.2%；除了一线城市住宅的综合收益率相对较高，二线、三线城市住宅的综合收益率，已经比不上同时期大多数 1 年期固定收益理财产品的收益率。

住宅综合收益：

持有住宅 1 年，房价上涨收益与租金收益的总和，也就是我们持有住宅所获得的年总体收益。

综上所述，房产收益率回归合理水平，将是我国当前经济转型环境下的长期趋势。适度将家庭资产从房产转移配置到金融资产上，不仅能提高家庭资产的流动性，也是符合当下经济发展规律和政策国情的科学的投资选择。

②金融资产配置结构单一

由于对金融投资产品缺乏了解，我国大多数家庭的金融资产配置仅限于现金、活期存款和定期存款。这样的配置，让我们的金融资产无法充分发挥效用、无法获得更好的流动性或收益性。对于中老年家庭来说，适度增加中、低风险的理财、基金产品配置，就能够很好地改善这一状况。

2. 通货膨胀——家庭财富的慢性毒药

有些人认为，既然投资有风险，那我干脆不投资，将所有的钱都放在活期存款里，最多再存点定期。这么安全的配置，岂不是就高枕无忧了？

其实并非如此，如果不投资，家庭财富还是将面临一个巨大的隐形风险——通货膨胀。其表现就是物价上涨、货币贬值，也就是人们说的“钱越来越不值钱了”。

在20世纪80年代，家庭年收入达到1万元就会被称为“万元户”，成为人人羡慕的“富裕家庭”；而这样的家庭收入放到今天来看，仅能勉强维持温饱。80年代初，普通工人的

月工资是 30—50 元，猪肉价格在每斤 1 元左右。那时候 1 万元人民币的购买力，要远远高于现在 1 万元人民币的购买力。

20 世纪 80 年代的 1 万元，究竟是个什么概念呢？如果按月平均工资来计算，1980 年时的月平均工资大概为 40 元，而 2020 年大概在 5000 元左右，两者相差了 125 倍。也就是说，20 世纪 80 年代的 1 万元相当于 2020 年的 125 万元。

再从猪肉价格来比较，20 世纪 80 年代猪肉的价格大概在每斤 1 元；现在的猪肉价格每斤在 25 元左右，两者相差 25 倍。也就是说，20 世纪 80 年代的 1 万元相当于 2020 年的 25 万元。

再比如茅台酒的价格，20 世纪 80 年代茅台酒一瓶 8 块钱左右，而 2020 年茅台酒价格在 2500 元左右，两者相差 312.5 倍。这意味着 20 世纪 80 年代的 1 万元相当于 2020 年的 312.5 万元。

更有意思的是从房价来比较。20 世纪 80 年代在北京买房子每平方米大概 100 元左右，而且是在中心区域；而 2020 年北京中心区域的房价每平方米大概在 10 万元，两者相差 1000 倍。如果按照房价来计算，20 世纪 80 年代的 1 万元相当于 2020 年的 1000 万元了。

无论比什么，大家都可以清晰地看到通货膨胀真是把“杀猪刀”。如果只是把钱存在银行里，按年利率 3.5% 计算（存款是算单利），1 万元从 1980 年存到 2020 年，连本带息只有 2.4 万元。大家看这些钱现在能买到当时的 1 万斤猪肉，抵上 250 个月的工资，或者在北京中心城区买到 100 平方米的房子吗？

通货膨胀是一个缓慢而持续的过程，它就像慢性毒药一样，一点一点夺走我们现金的购买力。时间越长，体现得越明显。要抵御通货膨胀，最好的办法就是投资，即将家庭财富合理配置在优质的资产上，让每年的投资收益能赶上通货膨胀，如此才能让家庭财富在长期储存的过程中不被“侵蚀缩水”。

（二）中老年家庭资产配置的原则

科学地配置和规划家庭资产，我们可以参考以下三个原则：分散原则、最坏打算原则和整体稳健原则。

1. 分散原则

苗婆婆把家里的钱管理得非常好，老两口的积蓄和退休工资都被她安排得妥妥当当，家庭资产每年稳健增值不说，急需用钱的时候也总能马上拿出来，日常开销也都能满足，还略有富余。有人向苗婆婆“取经”，苗婆婆笑着说，她的“秘诀”就是把家里的钱分散放到不同的“账户”里，让不同“账户”的钱充分发挥不同的功能。

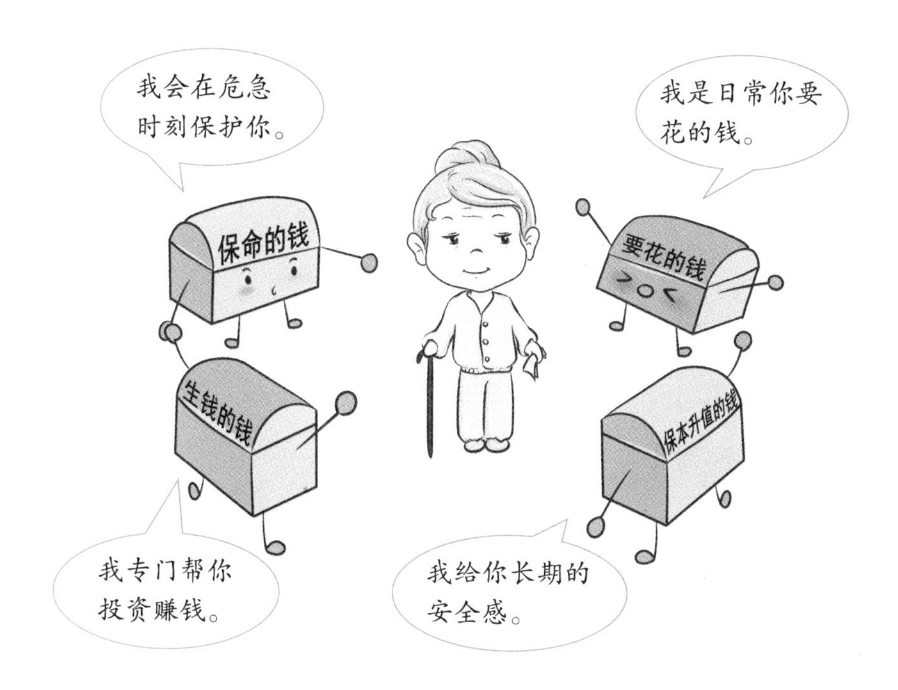

分散原则，即“不要把所有鸡蛋放在同一个篮子里”，要尽量避免我们的家庭资产过于集中在某一类投资品上。在我国资产配置领域，有一个流传较广的经验方法，叫作资产配置“1234”法则①。

该法则建议我们将家庭资产按照 1 ∶ 2 ∶ 3 ∶ 4 的比例，分散配置到四个不同功能的账户当中：

① “1234”法则：经考证，此法则之图虽被传为“标准普尔家庭资产象限图”，但并无可靠证据表明其出自标准普尔公司，更倾向于是来自我国金融行业内的经验性总结。

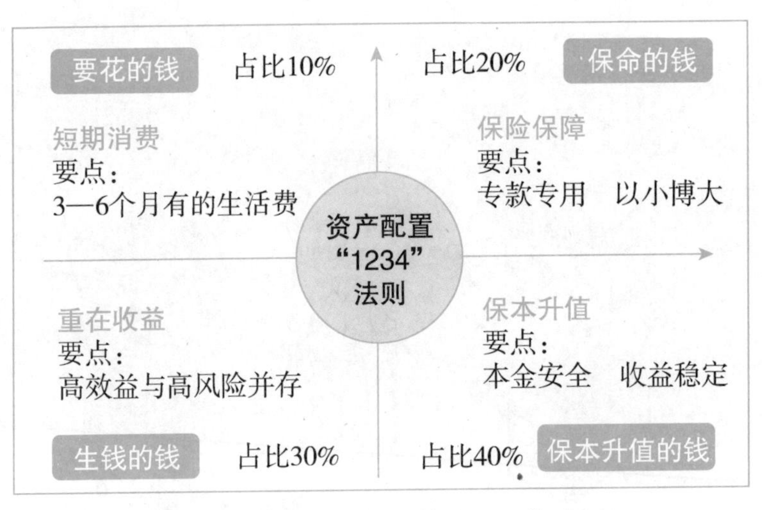

图 4–4　家庭资产配置的"1234"法则

第一个账户叫作"要花的钱"，里面存放的是我们用于短期消费的资金，通常是3—6个月的生活费，建议配置资产的比例为10%。这个账户里的钱由于随时需要拿出来消费，所以要求安全性高、流动性好，相对来说对收益性要求不高。因此，"要花的钱"可以配置在活期存款、活期理财、货币基金这几类可以随时存取的投资品中。

第二个账户叫作"保命的钱"，里面存放的是我们用于治病救急的资金，通常是以保险或专项存款的形式存在，建议配置资产的比例为20%。如果家庭成员已经配置了人身保险（主要是意外保险、医疗保险和重大疾病保险），那么只要人身保险的保额能覆盖足额的医疗费用即可。由于人身保险自带“杠杆”功能，即赔付的保额通常大于缴纳的保费，所以能起到“以小博大”的作用。如果由于年龄、身体等因素已经无法购买人身保险，可用一定金额的专项存款或理财替代，比如配置在安全性、流动性较好的活期理财、货币基金、债券基金和短期固定收益理财产品当中。

第三个账户叫作“生钱的钱”，里面存放的是我们用来投资、博取更高收益的资金，建议配置资产的比例为 30%。这个账户的配置目标就是“博取投资收益”，因此对收益性要求较高，对安全性和流动性要求一般。对于中老年家庭来说，可以配置在混合基金、股票基金、指数基金等证券投资产品中。

第四个账户叫作“保本升值的钱”，里面存放的是我们大部分的长期储蓄，建议配置资产的比例为 40%。这个账户是我们家庭财富的“安全垫”，配置产品时要求本金安全、收益稳定，能抵抗通货膨胀即可。由于对安全性要求较高，对收益性要求一般，对流动性要求较低，因此可以配置在中长期的定期存款、固定收益理财或年金分红保险当中。

在实际应用中，我们不一定要严格按照“1234”法则所建议的比例来配置资产，毕竟每个家庭的情况各不相同，需要根据自己的实际情况适度调整。不过，这个法则所建议的“分散配置”原则是非常科学的，即按照资产的功能，将家庭财富分成多个“功能账户”进行管理：用于消费的账户、用于保障的账户、用于赚投资收益的账户、用于存放长期储蓄的账户……每个账户各司其职，相互隔离、相对独立，让不同账户的资产发挥不同的功效——这样既能消费又有保障，还能增值，可谓“一举多得”。

2. 最坏打算原则

家庭资产配置的第二个原则即“最坏打算原则”。有句智慧谚语叫“做最好的准备，做最坏的打算”，这句话在我们家庭资产配置中也同样适用。最坏打算原则，是指我们在配置家庭资产时，要考虑若极端情况发生，资产配置结构是否能够经受得住冲击，是否能让我们不至于因突发状况陷入窘境。

通常来说，中老年人在现实生活中需要考虑以下几种极端情况。

①突发意外或重大疾病

范叔一直觉得自己身体倍儿好，从不买任何保险；每月退休金一到手就花掉，也从来不给自己留什么应急的钱，觉得没必要，是个退休的“月光族”。有一天，范叔提着一大袋水果回家，路上不小心踩进一个水坑绊倒，结果摔成粉碎性骨折，急需5万的治疗费用。范叔这下傻了眼，不得不赶紧找孩子帮自己垫付医疗费。

中老年群体特别需要注意意外和疾病的伤害。若家庭成员突发意外或重大疾病，将马上面临以下的一系列财务问题：

首先，需要一笔医疗费用开支。如果家庭成员没有配置相应的人身保险，或者配置了相应人身保险但是保额不足，就必须从自己的储蓄中支出这笔医疗费用。根据国家卫生健康委员会发布的《2019 中国卫生健康统计年鉴》，当前一些常见的急性或重大疾病的人均住院医疗费用如下表所示：

表 4–1　常见急性或重大疾病人均住院医疗费用表

疾病名称	住院病人人均医药费 / 元				
	委属	省属	地级市属	县级市属	县属
病毒性肝炎	14436.9	10137.8	8519.3	6924.8	5495.2
浸润性肺结核	19317.5	13750.9	11327.1	8024.1	5935.6
急性心肌梗死	40345.5	36488.5	31217.5	23502.6	15556.6
充血性心力衰竭	17965.2	10811.1	10126.5	7236.7	5964.9
细菌性肺炎	15787.0	11462.6	8312.1	5925.9	4528.4
慢性肺源性心脏病	19283.6	13139.0	11042.8	7638.8	6271.3
急性上消化道出血	18782.6	15055.8	11036.5	7569.5	6373.7
原发性肾病综合征	10704.8	8994.1	7423.6	5806.1	4621.5
甲状腺功能亢进	8573.7	6574.3	5603.4	5070.2	4366.4
脑出血	28116.1	25480.2	22685.5	17305.7	14821.9
脑梗死	18406.5	14117.6	11935.9	7972.9	6216.8
再生障碍性贫血	16298.7	13046.0	9406.6	7328.0	5232.1
急性白血病	32406.2	24956.8	19404.0	14796.2	8915.1
结节性甲状腺肿	17514.3	15528.0	12713.3	11063.5	8847.6
急性阑尾炎	16477.0	13450.2	10432.9	8047.7	6415.0
急性胆囊炎	19780.1	15924.5	10467.2	6884.9	5085.8
腹股沟瘤	12317.3	12084.2	9621.5	7964.3	6059.6
胃恶性肿瘤	38438.9	32477.7	25413.7	16787.7	10482.6
肺恶性肿痛	34777.4	34982.9	23933.1	16053.6	9097.6

续表

疾病名称	住院病人人均医药费 / 元				
	委属	省属	地级市属	县级市属	县属
食管恶性肿瘤	27665.2	27456.2	23574.3	15757.6	10700.1
心肌梗死冠状动脉搭桥	70522.0	70224.4	58662.8	50363.0	41955.8
膀胱恶性肿瘤	23977.3	24382.1	19210.4	14628.9	10414.7
前列腺增生	18725.9	17244.1	13509.0	10369.5	8335.4
颅内损伤	28117.6	20974.9	16032.8	11300.6	9090.7
腰椎间盘突出症	27649.1	19938.1	11911.4	6841.5	4867.4
子宫平滑肌瘤	18926.4	17606.8	14157.3	11624.4	9180.8
老年性白内障	8822.7	9194.6	7532.4	6268.7	4973.3

其次，治疗后续的持续护理支出。对于中老年人特别是老年人来说，遭遇意外或者重大疾病，在治疗结束后会有较长一段时间的恢复期，甚至存在终身卧床的可能，这时护理就成为一种持续性需求。此时，是选择住院护理，还是在家护理？是聘请专业的护理人员，还是由亲属照顾？如果由亲属照顾，亲属的工作和收入是否会受到影响？……这一系列问题，对家庭来说都是严峻的考验。

根据《中国扶贫开发报告 2016》的调查数据，我国因病致贫、返贫户占总建档立卡贫困户的比例超过了 44%。医疗及护理开支是一项最大的不确定性消费。所以，我们中老年人在配置家庭财产时，需要充分考虑保险保障或治病应急的部分。如果能有条件配置相应的人身保险是最好的，因为足额的人身保险能够在危急时刻大大减轻我们的经济负担。如果因为身体或年龄等原因已经无法配置人身保险，那么一定要考虑预留足额的应急资金，专款专用，用于应对突发身体状况。

②投资失败、血本无归

贾大爷退休后一直热衷于各类投资，前些年看到老朋友投资期货赚了不少钱，心里有些痒痒，于是自己也跟着投了点。刚开始市场行情很好，贾大爷赚了一倍的钱。后来他就放开了胆子，想跟着朋友一起“赚笔大的”，把大部分积蓄都投了进去。然而接下来几个月，期货市场出现剧烈波动，贾大爷投资的期货“爆仓”，投入的积蓄几乎血本无归。

投资失败在现在的社会中并不罕见，特别是投资于高风险、高度专业的投资项目时，例如收藏品、私募股权、实业，或高风险金融产品如期货、期权等；甚至遭遇金融诈骗，也算是一种投资失败。我们在投资之初，除了要做好充分的投

资准备，也要做好本金全部亏损的最坏打算。

要防范这类极端情况的冲击，最好的办法就是避免通过非正规金融机构进行投资，同时尽量避免参与高风险投资。如果看到市场很好，忍不住想要参与高风险投资，就必须把投资金额严格控制在一定比例之内，我们之前讲过的“1234”法则和下一章将为大家讲解的“80”法则都可以作为参考。并且，不论这部分钱如何亏损或者盈利，都绝对不动用其他资金来加仓或者补仓，要做到不同功能的账户之间严格隔离。

另外，对中老年人来说，要尽量避免借钱投资，也就是“加杠杆”投资。加杠杆所带来的最坏情况，除了本金全部亏损，还需要偿还所借债务的本金和利息，这不仅让我们“倾家荡产”，甚至可能背上沉重的债务，严重影响我们的晚年生活。

③长寿的财务风险

邱老伯已年过九旬，按理说高寿应该是一种福气，可邱老伯却活得并不幸福。原来在十几年前，邱老伯觉得自己很老了，膝下又没有子女，留着钱也不知道将来给谁，想着还不如痛快“挥霍”一把。于是，他在几年内就花光了所有的积蓄。结果没想到，自己居然一直活到了 90 岁！但因为钱都早已花光，邱老伯不得不依靠低保过日子，平日省吃俭用，生活过得非常拮据。

“寿比南山”是人们的一种美好期待和祝福，随着现代医疗科技的发展，国人的平均寿命也一直在延长。根据国家卫生健康委员会发布的《2019 年我国卫生健康事业发展统计公报》显示，2019 年我国居民人均预期寿命为 77.3 岁。这一数字每年还在稳步提升。

预期寿命的延长增加了我们生命的长度，但如果没有考虑财务支持，就可能影响我们生命的质量。长寿也有“风险”，长寿的最大风险就是财务风险。

一般在退休前期，只要未出现大额开支，每月的退休金或者养老金加上已有储蓄，基本能够保障个人生活。但到了退休后期，储蓄逐渐减少，老年慢性病和身体机能退化导致的残疾、失能，也会带来医疗、养护费用的增加。如果没有做好相应的准备，就有可能在财务方面陷入窘境。

在 2019 年“健康中国行动”的新闻发布会上，国家卫健委老龄司司长指出，截至 2018 年年底，我国 60 岁及以上的老年人口数量达 2.5 亿，2018 年人均预期寿命为 77.0 岁，但根据研究，我国人均健康预期寿命仅为 68.7 岁，患有一种以上慢性病的老年人比例高达 75%，失能和部分失能老年人超过 4000 万。这一数据表明，老年人平均将面临接近 10 年的非健康寿命。在这近 10 年的非健康期里，所需的医疗、护理相关开支都是需要我们提前考虑的。

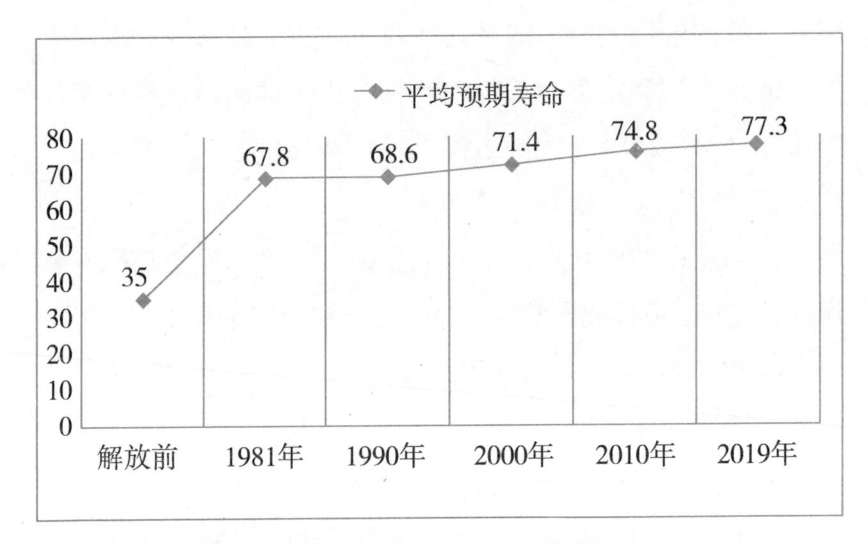

图 4–5　我国人口历年平均预期寿命变化

根据老年电子商务网站“幸福 9 号”与普华永道思略特咨询公司联合发布的《2017 中国老年消费习惯白皮书》，在接受调查的 1051 位城市老年人样本中，老年人每年在疾病诊疗以及营养品方面的平均支出金额如图 4–6、图 4–7 所示。

从图中可以看到，患有慢性病的老年人在疾病诊疗的自费支出和营养品支出方面都大大高于健康的老年人；同时，在接受调查的老年人中，仅有 14% 为健康人，而 86% 的老年人都患有一种及以上慢性病。

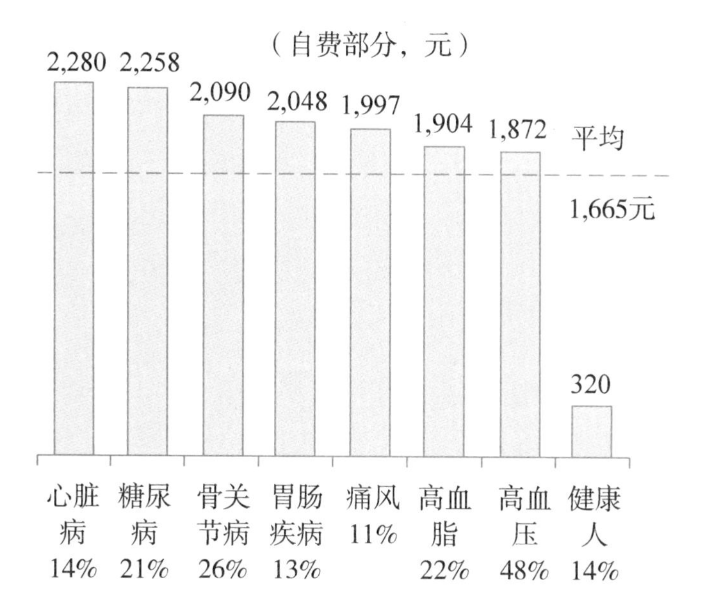

图 4–6　老年人 2016 年度营养品支出

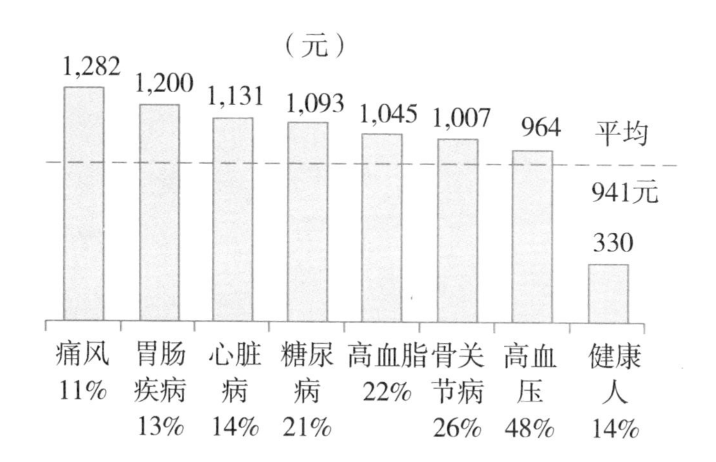

图 4–7　老年人 2016 年度疾病诊疗自费支出

数据来源：《2017 中国老年消费习惯白皮书》

所以，为了避免因长寿带来的财务风险，除了有条件的提前为自己配置一些医疗保险，还需要我们做好相应的财务规划和收支管理，为自己预留相应的准备金。具体的收支管理方法我们将在本书第六章为大家详述。

3. 整体稳健原则

中老年家庭资产配置的第三个原则是“整体稳健原则”。管理家庭财富就好比开船，“开太快”投资风格过于激进，会因为风险太高而“翻船”；“开太慢”投资风格过于保守，又会让家庭资产被通货膨胀“吞没”。

对中老年朋友来说，家庭的资产配置应当遵循整体稳健的原则，参照我们之前的配置建议，做到攻防兼备。

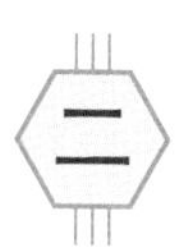

财教授实操课堂：整理自己的家庭资产

财教授：要清楚自家的资产配置结构是否合理，我们首先需要系统地整理一下自己的家庭资产构成，明确家庭的资产和负债情况；然后根据科学的方法和原则进行调整。以下过程您可以在家人或专业的金融、法律从业人员的指导下进行。

（一）家庭资产梳理

家庭资产，通俗来说就是家庭所拥有的物质财富。我们可以借助家庭资产表（见表 4–2）来梳理自己的家庭资产。家庭资产包括夫妻双方名下的所有资产，孩子如果已经成年独立，就不再把孩子名下的资产算入自己的家庭资产。

表 4–2　家庭资产统计表

资产类别			描述	市场价格	占比
流动性资产	现金及活期存款				
	活期理财、货币基金				
	合计				
投资性资产	金融资产	定期存款、固定期限理财、债券			
		股票、基金（非货币类）、期货等			
		社会保险（养老金、医疗和公积金个人账户余额）			
		商业保险			
		其他（债权、企业股权等）			
		合计			
	实物资产	投资性住宅（非自住）			
		商业用房（写字楼、商铺、车位）			
		黄金、首饰、珠宝			
		收藏品、艺术品			
		其他（家禽、家畜、高档家电、家具等）			
		合计			
	投资性资产合计				
自用性资产	自用房产				
	自用交通工具				
	自用生产工具（农机、农具等）				
	合计				
总计					

在家庭资产表中，我们将家庭资产分为“流动性资产”“投资性资产”和“自用性资产”三大类。流动性资产用来满足家庭日常消费和紧急备用金的需要，投资性资产用来保值增值或获取投资回报，自用性资产用来自己享用。建议大家用铅笔在家庭资产表中依次填写各个项目，没有的资产就用斜杠划掉。

上表中各列的填写说明如下：

“描述”列：描述这项家庭资产的性状。例如房产的地址和产权证号；金融资产的名称和数量，以及它们所在的金融机构；珠宝等实物资产的名称和数量等。对于各个资产的描述，至少要详尽到自己能够一目了然。

“市场价格”列：注明这项家庭资产最新的市场价格，可以让您信任的晚辈协助您上网查询。对于住宅、商铺等不动产的市场价格，您可以在网上或前往附近房屋交易中介了解最新市场成交价。对于金融资产，您可以查看自己的金融投资账户里，所投资金融资产的最新市场价格；其中，商业保险的市场价格，需要标注“理赔金额”和“现金价值”，分别代表着当前可能获得的赔偿金额和退保所能得到的现金，您可以向所投保的保险经理或者保险公司查询。对于实物资产如汽车、珠宝的市场价格，您可以在二手交易市场上查询。对于收藏品如古玩、字画等艺术品，您可以前往正规收藏品市场进行鉴定、询价。

“占比”列：注明这项资产所占家庭总资产的比例。在计算出各项资产的市场价格之后，我们可以将其相加得出家庭资产总的市场价格。用各项资产的市场价格，除以家庭资产的总价，就得到这项资产所占家庭总资产的比例。

（二）家庭负债梳理

与资产相对的，我们还需要考虑家庭的负债情况。家庭负债，通俗来说就是家庭所欠下的、需要偿还给他人的物质财富。我们可以借助表4–3的家庭负债表进行家庭负债的梳理。

表 4–3　家庭负债统计表

负债类别		描述	金额	占比
消费性负债	信用卡循环借款			
	小额消费信贷			
	合计			
投资性负债	投资用房贷			
	金融投资借款			
	实业投资借款			
	合计			
自用性负债	自用房产			
	自用交通工具			
	自用生产工具			
	合计			
总计				

与三类家庭资产相对应，我们也可以将家庭负债分为“消费性负债”“投资性负债”和“自用性负债”三大类。消费性负债是用来弥补日常生活支出不足而透支的信用借款，投资性负债是用于购买投资性资产而扩张的信用借款，自用性负债是为了购买自用性资产而产生的负债。

上表中各列的填写说明如下：

“描述”列：描述这项负债的性状。例如信用卡所在银行、最后还款期限和最低还款金额；借款的借款人或借款机构，借款年利率、偿还期限等信息。

“金额”列：列明这项负债在当前时点所需偿还的本金和利息金额。

“占比”列：注明这项负债所占家庭总负债的比例。

整理好家庭资产统计表和负债统计表，能让我们对自己的家庭财富状况有一个清晰的认识，这无论是对于后期的家庭资产配置调整，还是家庭财富传承，都是非常有帮助的。

中老年家庭资产配置口诀

中年老年收入减，管理存量是关键；
只配房产和存款，不合理且有局限。
不投资也不可行，通货膨胀在追赶；
一成零花和急用，二成保障与保险。
三成用钱来生钱，四成增值须稳健；
牢记合理与“分散”，做好最坏的打算。

◆ 五德财商之本章财德

保钱之德源于礼，投钱之德源于智

保德：针对我们中老年人的财富状况，配置家庭资产时要注意遵守资产配置的相关经验原则，明晰自己生涯阶段的财务风险规律，并提前做好相应准备。

投德：俗话说“知己知彼，百战不殆”，投资也是一样。既要懂得投资市场和金融产品的知识，也要明白自己家庭的财富状况，并适时梳理家庭的资产、负债，做到心中有数。

本章知识要点

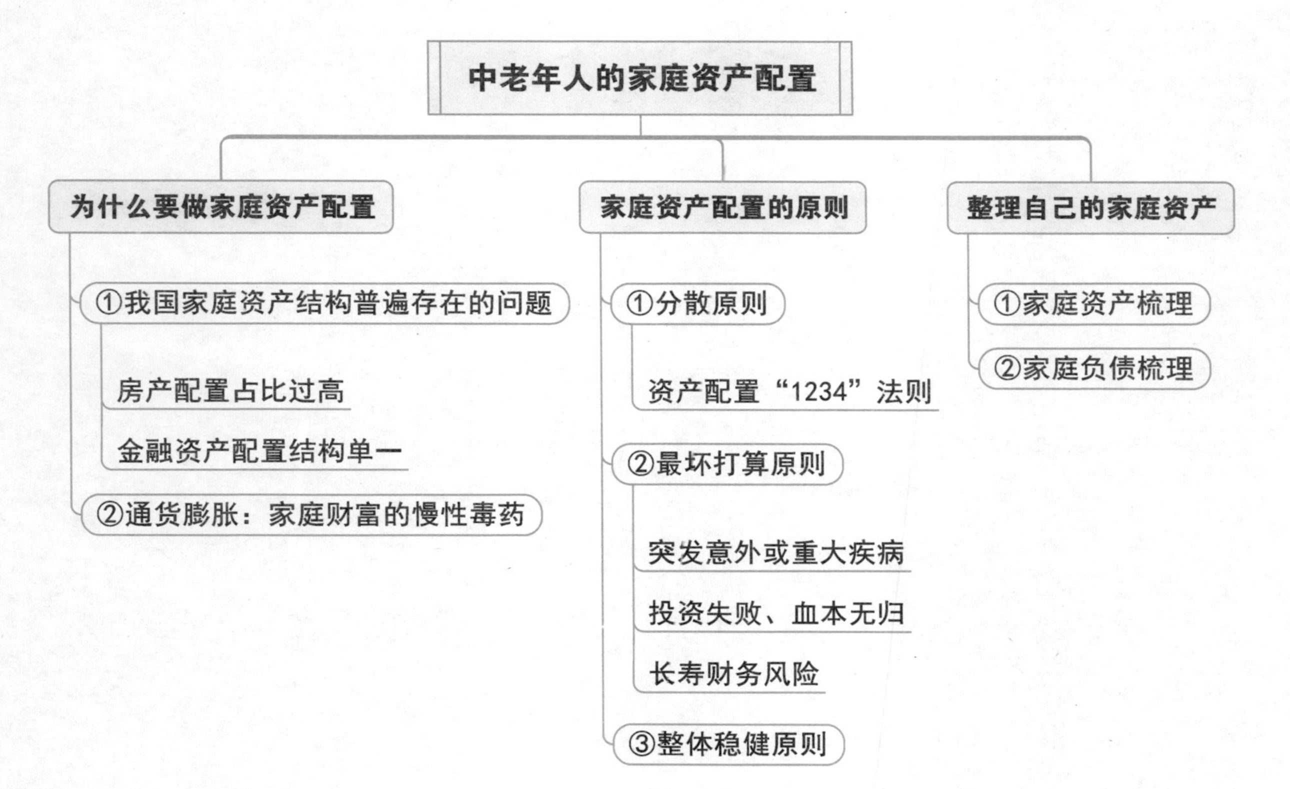
中老年人的家庭资产配置
为什么要做家庭资产配置
①我国家庭资产结构普遍存在的问题
房产配置占比过高
金融资产配置结构单一
②通货膨胀：家庭财富的慢性毒药
家庭资产配置的原则
①分散原则
资产配置“1234”法则
②最坏打算原则
突发意外或重大疾病
投资失败、血本无归
长寿财务风险
③整体稳健原则
整理自己的家庭资产
①家庭资产梳理
②家庭负债梳理

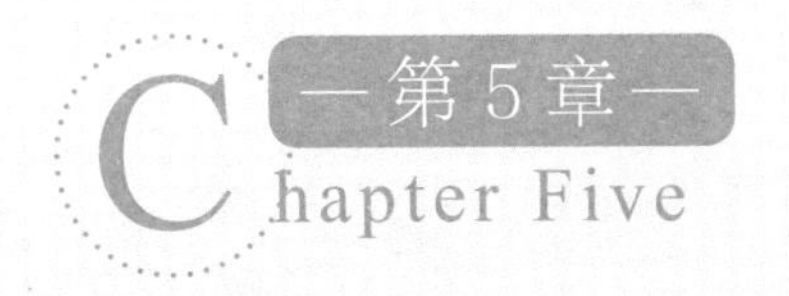

适合中老年人配置的投资产品

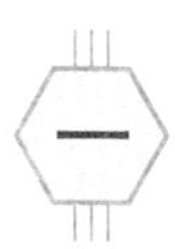

中老年人选择投资产品的考量

从上一章中我们已经知道，中老年阶段的财务状况具有一定的特殊性，所以不能参照年轻人的投资方式来挑选理财产品。那么哪些投资理财产品适合我们？我们在挑选投资理财产品时，又需要做哪些方面的考量呢？

（一）钱大伯被“割韭菜”——风险承受能力考量

钱大伯是位老股民，因为错过了之前一波“牛市”行情而一直懊恼不已。最近股市行情又好了起来，钱大伯想着可不能再错过了，干脆把所有的养老积蓄都拿出来，买入了高风险的“分级基金”，想要“赌一把”。不料随后股市大跌，钱大伯损失惨重，失去了一半的积蓄。

相对于其他年龄阶段，中老年财富状况的特点是：存量相对较多，但抗风险能力较弱。由于退休后收入大幅减少，财产在遭遇较大亏损后通常难以恢复。

所以，中老年人尽量不要选择高风险的投资产品，特别是自带杠杆的金融产品，如期货、期权等。我们在投资中、高风险金融产品时，也切忌像故事中的钱大伯那样，把所有的钱都用来投资同一类（高风险）产品。如果想要投资中、高风险的金融产品，一定要把投资金额控制在一定范围之内。

在股票类产品投资中，有一个非常实用的经验方法，叫作“80”法则（该法则仅供参考，以下内容不构成投资建议）。

“80”法则：

做投资时，购买股票类投资产品的资金比例，应以“80减去你的年龄”为宜。这里所说的“股票类投资产品”，包括股票、混合型基金、股票型基金和指数基金。

假如你今年60岁，家庭存款共100万，按照“80”法则，你在股票类投资上的合理资金比例为（80－60）*100%=20%，也就是20万。而对于一个30岁拥有100万家庭存款的年轻人来说，他可以放在股票类投资上的合理资金比例，就提高到了（80－30）*100%=50%，也就是50万。

“80”法则是一种简单实用的资产配置经验方法，我们可以借鉴该法则，来控制自己股票类资产的投资比例，不超过法则中所建议的合理资金比例。对于投资市场上其他更高风险的投资产品，例如商品期货、期权，以及股权投资、收藏品投资等风险极高、专业性极强的投资产品，我们更是要严格控制投入资金的比例，最好也将其纳入“80”法则计算出的比例范围内，做好“即便全部亏损，也不会影响到正常生活”的资金安排和思想准备。只有这样，我们才能更有效防范投资风险给我们的正常生活带来的冲击。

（二）吕大妈的投资教训——流动性要求考量

吕大妈不会炒股，但时常在银行客户经理的推荐下买一些基金。最近，一家知名的基金公司在发售三年期封闭式基金，吕大妈听说过这家基金公司，了解到它之前发的基金收益表现都很好。她想着自己平时好像也不怎么用钱，于是就把手上几乎所有的钱一股脑儿地全部投了进去。

不料几个月后，吕大妈就因病住进了医院。由于大部分的钱都在封闭式基金里，医药费来源成了一大难题，家人不得不四处借钱支付医药费。

所谓“流动性”，就是我们所投资的金融产品在我们需要用钱的时候，能否以市场价格快速变现、及时回收现金。流动性是投资时需要考虑的重要因素之一。如果我们像故事中的吕大妈一样，把所有钱都投进了流动性较差的投资产品，就会导致我们在急需用钱的时候无钱可用，进而严重影响我们的正常生活。

根据广发银行和西南财经大学联合发布的《2018 中国城市家庭财富健康报告》，2017 年，在中国城市家庭总资产中，住房资产的比例占到了 77%，而金融资产仅为 11.8%（见图 5-1）。

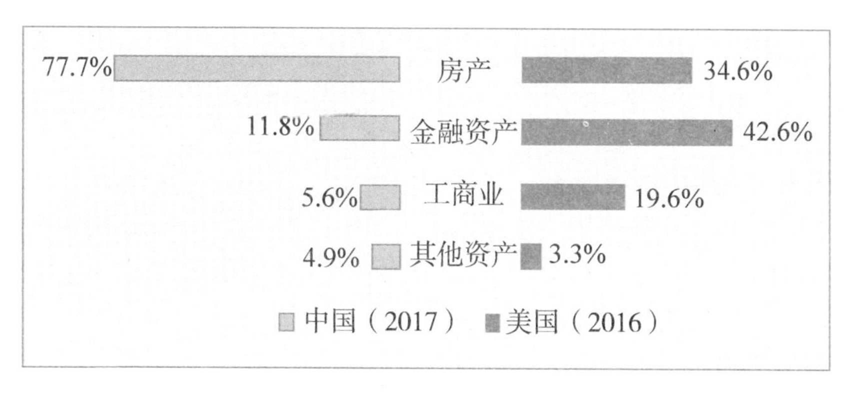

图 5-1 中美家庭总资产配置对比

住房资产相较于金融资产来说，属于流动性较差的一类投资品。一套住房从挂牌出售到最终成交，通常要经历几周到数月不等的时间；有限售和限购政策的地区，在购买住房后甚至数年内无法转让。上面列举的数据也体现出我国家庭资产配置在流动性方面存在的普遍问题。

相对来说，金融资产的流动性要好很多。我们常见的金融投资产品，根据要求持有期限限制的不同，通常可以分为“期限不限”和“固定期限”两类。

1. 期限不限

期限不限的金融投资产品，即不限制投资期限，可以按照自己的意愿随时终止投资、回收现金的一类产品。表 5–1 是一些常见的期限不限的金融投资产品，从提交赎回申请当天（通常是下午 3:00 前）到资金到账可以取出使用的等待时间。

表 5–1　不同金融投资产品的变现期

流动性	投资产品名称	到账时间
极好	活期存款、定期存款	取出即用（定期存款未到期取会损失利息）
好	货币市场基金、活期理财	0—3 个工作日
	股票	卖出后第二个工作日可取现
较好	开放式基金（含绝大多数股票基金、混合基金、债券基金、指数基金）	3—5 个工作日
	QDII 基金	8—10 个工作日

这里需要注意的是流动性讨论的只是变现的容易程度。变现越容易，流动性越高；反之，就越低。流动性的高低与安全性有关联，但并不等同。安全性主要是指其面临损失的可能性大小和损失的多少。所以，千万不能只凭流动性来选择投资产品。

以上产品赎回到账的具体时间，会根据投资渠道的不同而有所不同。但总的来说，大部分期限不限的金融产品，资金赎回到账时间都在一周以内。

2. 固定期限

固定投资期限的金融产品，就是在投资之前就限定了投资期限，我们不能随时终止投资，或者未到期终止投资会带来损失的一类产品。例如定期存款、固定期限理财产品、债券、封闭式基金等。这类金融产品的持有期限，通常在购买的时候就会约定，比如三个月、六个月、一年等。除了定期存款（提前赎回将损失此前的利息），或者相关产品中有清晰的提前赎回或转让条款的以外，未到期金融产品一般无法提前终止投资。

如遇确实急用现金，但定期金融产品又没到期或提前兑现需要面临高额损失的情况，也可用相关金融产品向商业银行、典当公司等申请质押贷款，以解燃眉之急。

常见中、低风险投资品种

在了解了投资时需要考虑的风险承受能力、流动性等因素后，接下来我们为大家普及一些常见金融投资产品的基础知识，包括存款、理财和基金的知识，以及哪些金融产品适合中老年人投资。

（一）存款小课堂

1. 什么是存款

存款指存款人在保留所有权的条件下把资金或货币暂时转让给或存储于银行或其他金融机构。简单来说，就是我们把资金存放于存款性金融机构的行为。其中“存款性金融机构”，包括商业银行、信用合作社和邮政储蓄银行等持有经营存款业务许可，比如金融许可证的机构。

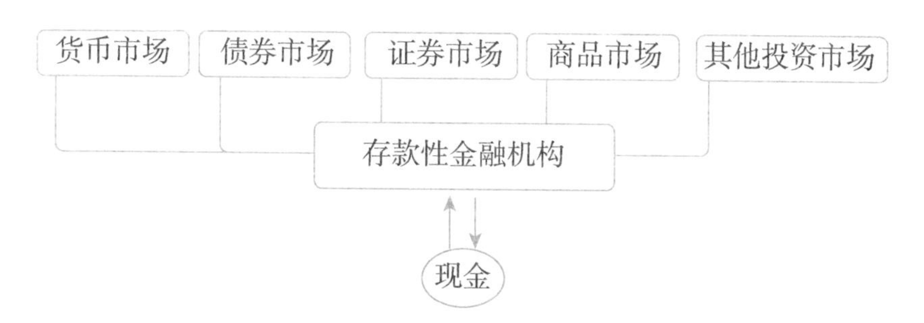

图 5-2　存款性金融机构的“中转站”功能

存款是所有投资理财的基础，也是金融产品的中转站。人们在做投资时，首先需要积累存款，再通过存款性金融机构所连接的投资通道，将存款转移到投资市场上去；在投资结束时，资金也是从投资市场回到存款性金融机构，再回到个人账户上供个人提取。

2. 存款的种类

居民储蓄存款的种类主要包括活期存款、定期存款和通知存款；根据最新规定，结构性存款也被纳入存款管理。

结构性存款：

结构性存款是指商业银行吸收的嵌入金融衍生产品的存款，通过与利率、汇率、指数等的波动挂钩或者与某实体的信用情况挂钩，使存款人在承担一定风险的基础上获得相应收益的产品。

根据中国人民银行2015年10月24日生效的最新《金融机构人民币存款基准利率调整表》，人民币存款基准利率情况如下表所示：

表5-2 最新《金融机构人民币存款基准利率调整表》

项目		存取期限	年利率/%
活期存款		随存随取	0.35
定期存款	整存整取	三个月	1.10
		半年	1.30
		一年	1.50
		两年	2.10
		三年	2.75
	零存整取、整存零取、存本取息	一年	1.10
		三年	1.30
	定活两便	不约定存期，可以随时支取	按一年以内定期整存整取同档次利率打六折执行
通知存款		不约定存期，支取时须提前通知银行	一天 0.80 七天 1.35

存款基准利率由中国人民银行（又称“央行”）发布，各大存款性金融机构可以根据自己的实际情况，在存款基准利率的基础上进行利率上浮。例如，现在各大商用银行都在发行“大额存单”，即大额存款凭证，个人认购大额存单的门槛至少是20万元起，大额存单的利率水平通常会较存款基准利率上浮约40%。在资金量较大的时候，用大额存单替代

普通定期存款也是一种更优选择。

此外，结构性存款是近年银行创新推出的存款业务，简单来看它的结构就是“存款 + 金融衍生品”的组合。结构性存款更像是一类浮动收益的理财产品，在监管的规范下要求银行按照存款管理。

结构性存款单一投资者的销售起点金额不得低于 1 万元人民币，且商业银行会对每笔产品的销售过程同步录音录像，即“双录”。在充分了解该类存款的基础上，结构性存款也可以成为我们的选择之一。

3. 存款的延伸小知识

问题一：如果银行破产了，我们的存款还能要回来吗？

近几年，数家中小银行出现因严重信用风险而被接管的事件，一部分储户不禁开始担忧：我的钱存在银行里，如果这家银行因经营不善破产了，我的存款还能要回来吗？

其实，为了依法保护存款人的合法权益，国务院在 2014 年就通过了《存款保险条例》，并于 2015 年 5 月 1 日起正式施行。《存款保险条例》第五条规定：存款保险实行限额赔付，最高偿付限额为人民币 50 万元。条例还规定，被保险存款包括人民币存款和外币存款；并且在规定的风险情形发生时，存款保险基金管理机构应当在 7 个工作日内足额偿付存款。结构性存款也在该条例的保护范围之内。银行理财产品因为不属于“存款”，所以不受此项条例的保护。

也就是说，存款性金融机构，包括商业银行、信用社等，都对我们储户的存款投了保；一旦发生极端风险情形，如商业银行面临破产清算时，存款保险机构就将对我们每位储户以 50 万元为最高限额进行偿付。

这里要特别说明的是，实行限额偿付，并不意味着 50 万元限额以上存款就没有安全保障了。根据其他国家的经验，多数情况下是先使用存款保险基金支持其他合格的投保机构对出现问题的投保机构进行“接盘”，收购或者承接其业务、资产、负债，使存款人的存款转移到其他合格的投保机构，继续得到全面保障。确实无法由其他投保机构收购、承接的，才按照最高偿付限额直接偿付被保险存款。此外，超过最高偿付限额的存款，还可以依法从投保机构清算财产中受偿。所以，存款是较为安全的资金存放方式，我们可不必过分担心。

当然，有个最简单的做法，就是在一家银行的存款本金加利息总额，不要超过 50 万元；如果有 50 万元以上的资金，就分开存到不同的银行，这样会更有保障。要注意，这里的 50 万元最高限额，是既包括了本金，也包括了利息，所以，最好本金不要达到 50 万元，给利息留点余地更好。对外币，是按等值人民币计算的，不要只看 50 万这个数字。

问题二：我们划转到证券公司、基金公司、期货公司等金融机构账户上的资金，有安全保障吗？

我们在投资股票、基金或商品期货等投资品时，需要开立证券账户、基金账户或商品期货账户，并把资金从自己的银行卡划转到相应账户上。部分投资者可能会产生如下担忧：这些金融机构把资金从我的银行卡上划走了，以后万一“跑路”了怎么办？

其实，正规的非银行金融机构都在严格的监管约束之下，根本碰不到投资者的钱。投资者划转到相应投资账户上的资金，都会托管在银行，并由银行进行资金的保管、清算和监督，未投资余额仅能在银行托管账户和投资者个人银行账户之间划转，并不能从银行托管账户转出到其他人的银行账户；投资资金也将直接从银行托管账户转到对应的市场上去投资，金融机构无法转移投资者的资产。

请注意，这里讲的是转移到托管账户上但还没投资转换成其他资产的钱，一旦投资转换为了其他资产，比如买入了股票，其风险就取决于所转换资产（股票）的风险状况了。

在图 5–3 中，我们以证券投资为例：在投资者进行证券投资时，证券公司只提供“通道”，并不接触投资者的资金；在投资者购买基金时，基金公司只能利用托管账户内投资者的资金在证券市场上进行交易，相关资金并不直接进入证券公司的账户，证券公司也无权直接划走客户的资金，因而也就不存在证券公司卷款“跑路”的问题了。

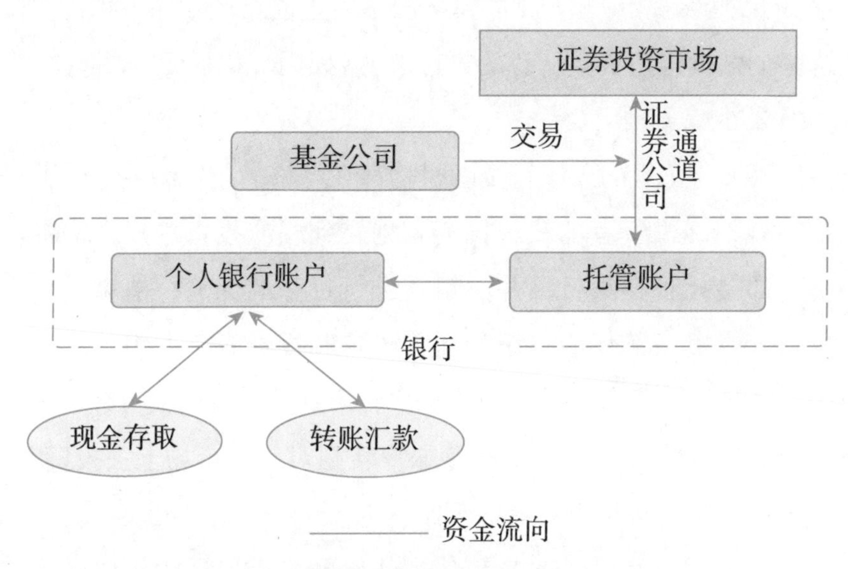

图 5-3　银行账户和托管账户的资金流向

所以，当我们通过正规的非银行金融机构进行投资时，完全不必担心此类问题，严格的行业监管无时无刻不在保护着我们的资金安全。但是，当我们没有通过正规的非银行金融机构进行投资，对方要求我们把资金直接转账到他们的银行账户特别是个人账户时，就需要格外警惕了。因为在没有银行对资金进行托管监督的情况下，对方随时可能将投资者的资金转走甚至“跑路”，再要追回就难了。

（二）理财产品小课堂

1. 什么是理财产品

理财产品，是金融机构为投资者提供的一类投资产品的总称。我们常说的去“买理财”，其实主要指的是理财产品中占比最大的一类——固定收益类理财产品，即提前约定好投资期限和预期收益率，按约定到期后返还本金、支付收益的产品。

理财产品的定义：

理财产品，即由商业银行和正规金融机构自行设计并发行的产品，将募集到的资金根据产品合同约定投入相关金融市场及购买相关金融产品，获取投资收益后，根据合同约定分配给投资人的一类产品。

2. 理财产品的种类

对我们金融消费者来说，应当关注的主要是因投资性质和运作方式的不同，所分成的不同类别。

根据银保监会《商业银行理财业务监督管理办法》第二章分类管理的规定，理财产品根据投资性质的不同，大致可以分为四类：

表 5-3 理财产品按投资性质的分类

理财产品分类	描 述
固定收益类	投资于存款、债券等债权类资产的比例不低于 80%
权益类	投资于权益类资产的比例不低于 80%
商品及金融衍生品类	投资于商品及金融衍生品的比例不低于 80%
混合类	投资于债权类资产、权益类资产、商品及金融衍生品类资产且任一资产的投资比例未达到前三类理财产品标准

理财产品根据运作方式的不同，大致可以分为两类：

表 5-4 理财产品按运作方式的分类

理财产品分类	描述
封闭式理财产品	有确定到期日，且自产品成立日至终止日期间，投资者不得进行认购或者赎回的理财产品
开放式理财产品	自产品成立日至终止日期间，理财产品份额总额不固定，投资者可以按照协议约定，在开放日和相应场所进行认购或者赎回的理财产品

将两种分类结合起来，市场上就有 8 种不同的理财产品，比如：固定收益投资类，既可以是封闭的，也可以是开放的；同理，混合投资类也是这样。平时我们接触到的银行理财产品中，“固定收益类封闭式理财产品”占了绝大多数比例。这是因为，这类理财产品主要投资于债权类资产，相对来说收益、

风险较为可控，可以成为我们家庭资产配置中“保本升值的钱”配置的首选。大家在购买相关理财产品时，一定要分清楚所买的具体是哪一类，以免买错。

（三）基金小课堂

1. 什么是基金

我们在本书中提到的“基金”，指的都是证券投资基金，暂时不涉及其他类型的基金。

“证券”的书面定义：

证券，即体现所有权或债权等权利关系的法律凭证。我们平时所说的证券，通常指狭义上的证券产品，包括股票、债券、期货、期权等。

“证券投资基金”的书面定义：

证券投资基金，即通过发售基金份额募集资金形成独立的基金财产，由基金管理人管理、基金托管人托管，以资产组合方式进行证券投资，基金份额持有人按其所持份额享受收益和承担风险的投资工具。

简单来说，基金就是把大家的钱汇集起来，交给专业从事投资的团队来进行投资。

假如把证券投资市场比作大海，那么自己做交易就好比在大海里“游泳”：当我们“游泳”（做交易）时，需要自己思考“怎么游”（投资策略），自己手脚并用去“划水”（下单操作），自己用眼睛查看“天气情况”（宏观经济状况），自己感受“水流水温”（资金流向和市场情绪）……由此可见，亲自投资交易其实是一项费时耗力的专业性活动，“游泳技术”（投资技能）储备不够的人，长期下来很容易在水中“沉没”（亏损）。而且，如果我们的资金有限，花太多精力，就算做得不错，一定程度上也是“吃力不讨好”，性价比不高。

而投资基金，就好比“乘船”。相比于自己“游泳”，“轮船”上有一个完整的专业团队在为大家“掌舵”，我们只要选好要上的“船”就可以了，剩下的交由专业人员去处理：

首先，有经验丰富、科班出身的“船长”，也就是基金经理。基金经理都是久经考验的专业投资人士，具有丰富的投资经验和过硬的心理素质，他负责基金的策略制定和投资运作，是整个基金团队的核心和灵魂。

其次，有一群专业的“气象员”，也就是研究员。研究员通常也是名校毕业的科班生，具备踏实而专业的研究素质，他们专门负责研究市场、行业及公司，并及时为基金经理提供优质的研究报告，是基金经理的“智囊团”。

最后，还有一群优秀的“水手”，也就是交易员。他们负责执行基金经理的交易指令，严格按照纪律进行迅速、准确的买入、卖出操作，并及时回馈交易数据。

另外，轮船还会配备先进而昂贵的“仪表盘”，也就是市场大数据。市场上最珍贵的一手数据信息将最先提供给基金团队参考，而这些数据服务的费用往往都是一年几十万甚至上百万，也是普通投资者无法支付的。

其实，无论是从投资的专业性还是性价比来说，“把专业的事交给专业的人”都是最好的选择。投资基金不仅省心省力，往往还能取得更好的投资成绩。

当然，也有些偏爱自己做交易的证券投资者，他们喜欢在证券市场的“大海”里沉浮，感受交易操作的乐趣，这也无可厚非。不过我们建议，一定要把自己投资证券（包括股票、期货、期权等）的金额严格限制在一定范围之内，毕竟对于非专业投资者来说，一个不小心，证券交易就会变成费用昂贵的“网络游戏”。

2. 基金的分类

在这个市场上，有很多种类型的基金可供选择，我们接下来就为大家介绍三种常见的基金分类方法，便于大家甄别和挑选。

①开放式基金和封闭式基金

按照运作方式，即基金单位是否可以增加或赎回，可以分为开放式基金和封闭式基金。它们之间最大的区别，也就是我们之前提到的“流动性”。

开放式基金，顾名思义，就是投资者可以随时进行申购、赎回的基金。开放式基金在新基金建仓期结束后（通常不超过3个月），投资者就可以随时申购和赎回任意份额。这类基金的总规模不固定，对投资者来说流动性较好，申购、赎回灵活自由；不过对于基金经理来说，由于基金的份额随时都在发生变化，因此管理起来难度也会增大。

封闭式基金，也就是与开放式基金相对的，投资者不能随时进行申购、赎回的基金。这类基金通常要等到一定时间以后，或者到了固定的开放日才能进行申购和赎回。

例如，某基金名称为“××三年持有期基金”，说明这个基金在认购后需要持有三年不动，三年之后才能进行申购或赎回。如果某基金名称为“××一年定期开放基金”，说明这个基金每年只开放一次，只有在开放日（通常是一周）内才可以进行申购和赎回操作。

封闭式基金虽然流动性较差，但是由于总规模相对固定，对于基金经理来说降低了管理难度；同时，封闭式基金也能够有效避免投资者在冲动下进行不理性的申购和赎回操作，进而影响基金投资的长期收益。

②主动管理型基金和被动（指数）型基金

按照投资理念，可以分为主动管理型基金和被动（指数）型基金。

主动管理型基金，就是基金经理会带领团队主动做交易、博取投资收益的一类基金，也是我们最常见到的一类基金。被动（指数）型基金，基金经理不会主动做买卖交易，而是让基金紧跟某个指数。

如果我们把主动管理型基金比作“游轮”，那么被动（指数）型基金就是“帆船”。在“游轮”上，“船长”会主动掌舵，决定轮船的前进方向和速度。而在“帆船”上，“船长”的作用就是让船紧跟着水流和风向，在水上随着水流“漂行”。

主动管理型基金——“游轮”

见风使舵　主动管理

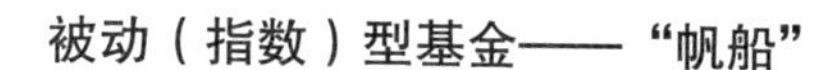

随波逐流　被动跟踪

市场上有一类被动（指数）型基金叫作“宽基指数基金”，包含上证 50 指数[①]基金、沪深 300 指数[②]基金、中证 500 指数[③]基金等。这些基金都是被动跟踪指数，让自己的走势与指数趋于一致。这里需要注意的是，虽然被动（指数）型基金是被动跟踪指数的，但其表现未必会比主动管理型基金差。

③货币市场基金、债券基金、股票基金和混合基金

按照投资对象，基金可以分为货币市场基金、债券基金、股票基金和混合基金。

---

① 上证 50 指数：上海证券市场规模大、流动性好，最具代表性的 50 只股票组成的集合指标。

② 沪深 300 指数：上海和深圳证券市场规模大、流动性好，最具代表性的 300 只股票组成的集合指标。

③ 中证 500 指数：全部 A 股中剔除沪深 300 指数成分股及总市值排名前 300 只的股票后，总市值排名靠前的 500 只股票组成的集合指标。

下面我们就为大家介绍一下这四种基金的投资对象和特点分别是什么。

货币市场基金，简称“货币基金”，是专门投资于货币市场上短期有价证券的一种基金。该基金资产主要投资于短期货币工具，如国库券、商业票据、银行定期存单、银行承兑汇票、政府短期债券、企业债券等短期有价证券。货币基金具有流动性好、资本安全性高、风险低等特征，非常适合用来做现金管理。许多金融机构的活期理财类产品，以及年轻人熟悉的支付宝“余额宝”、微信“零钱通”，其实都是投资于货币基金的产品。

债券基金，是主要投资于债券的基金，要求 80% 以上的基金资产都投资于债券。债券基金的投资对象主要是国债、金融债和企业债等。相对来说，债券基金这一类投资品的预期收益和风险都略大于货币基金，流动性略差于货币基金。在债券市场出现波动时，短期还有可能出现小幅亏损。通常来说，债券基金更适合较长时间持有。

股票基金，是主要投资于股票市场的基金，要求投资股票的资产仓位不能低于 80%。我们上面提到的被动（指数）型基金，也属于股票型基金中的一种。由于股票基金所要求维持的股票资产仓位较高，投资风格相对来说更为激进，投资的风险系数也会更高。这一类基金通常适合在市场环境较好时，用来做进攻性的证券投资。

混合基金，是指同时投资于股票、债券和货币市场等工具，没有明确的投资方向的基金。混合基金因为仓位较为灵活，基金经理可视市场情况提高或降低股票仓位，可谓“进可攻、退可守”，所以比较受基金经理和市场的欢迎。这类基金也是目前规模最大的一类证券投资基金。

以上就是基金最常用的三种分类方式。我们在购买基金之前，首先需清楚自己要购买的基金属于哪一类，参照以上基金分类的特点描述，我们就能知道它的投资对象、风险和流动性等特征；进而明确它是否适合自己，以及适合在这只基金上配置多少比例的资金。

4. 基金的投资方式

基金的投资方式多种多样，下面为大家介绍两种操作简便、科学有效，长期坚持效果相对较好的投资方式。

①基金定投

基金定投，全称为“定期定额投资基金”，即在固定的时间、以固定的金额投资到指定的开放式基金中，类似于银行的零存整取。例如，固定在每个月 28 号，固定投资 500 元到某一只开放式基金里，然后在恰当的时候卖出套现。

基金定投这种投资方式的优点很多，除了操作简便（可支持自动扣款），如果投资的是权益型基金（混合基金、股票基金或指数基金），那么定投最核心的优势在于：能有效摊低平均买入成本。

基金定投由于每个月投入的金额相同，就能在基金净值低的时候，买入的份数多；在基金净值高的时候，买入的份数少。例如，每月定投 500 元某基金，当基金净值为 2 元 / 份时，我们能够买入 250 份该基金；当基金净值跌到 1 元 / 份时，我们能够买入 500 份该基金……长此以往，就能有效摊低我们的平均买入成本。在基金净值上涨时，获利相比于高位时的一次性投资，空间也随之增大。

②长期持有基金组合

投资权益型基金时，对于大多数非专业投资者来说，相较于频繁买入、卖出，长期持有反而能够有效提高获利的可能性和收益率。所谓“大道至简”，在投资中也是一个道理。

我们可以根据自己的风险偏好，在金融机构专业理财经理的帮助下，制定适合自己的优质基金投资组合，买入并长期持有。尽量避免在短期市场的波动中反复交易，而是把眼光放长远，选择优秀的基金经理，让专业人士去帮我们赚取证券市场长期价值增长的钱，消除通货膨胀的影响。

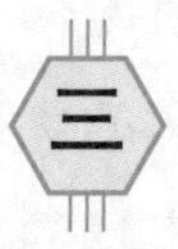

适合中老年家庭的金融投资产品

学习了以上金融投资产品的基础知识，那么在做投资选择时，哪些金融产品适合我们中老年人呢？除了活期存款存放日常现金，我们挑选了一些市场上主流的、适宜于中老年家庭的金融投资产品，供大家搭配投资时参考。

首先为大家挑选的是低风险、较低风险的投资理财产品。这些产品大都具有风险较低、流动性较好的特点，可以用来存放大部分想要保值升值的养老钱。这些低风险投资产品的名称、描述和投资渠道如表 5–5 所示：

表 5–5　一些比较适合中老年人投资的低风险产品

期限	产品名称	产品描述	主要投资渠道
期限不限	货币市场基金	收益较低，安全性高，流动性好，适合来做日常现金的管理。	商业银行 证券公司 基金公司
	活期理财类	不同金融机构名称不同，统称“活期理财”；通常投资于货币市场基金，适合用于日常现金的管理。	
	债券基金	投资于债券的基金，风险和收益都略高于货币市场基金，赎回比货币基金慢 1—2 天；更适合中长期持有。	
固定期限	定期存款 / 大额存单	定额定期存款；若未到期提前支取会损失利息。	商业银行
	国债	定额定期投资；若未到期需要用钱，部分国债品种支持中途转让。	
	国债逆回购	证券市场短期理财，有 1—182 天九个期限品种可选；未到期不支持转让。	证券公司
	固定收益类理财产品	定额定期投资理财；若未到期需要用钱，部分理财产品支持中途转让。	商业银行 证券公司

如果您觉得投资上面这些低风险产品还不够，想要做一些更加积极的投资，博取更高的投资收益，或是想体验投资乐趣，我们也在下面为您挑选了一些适合中老年人的中风险投资产品（见表 5–6）。这些产品以基金为主，既能让您跟随证券市场博取投资收益，又能将风险控制在一定范围之内。

表 5–6 一些比较适合中老年人投资的中风险产品

产品名称	产品描述	投资渠道
混合基金	同时投资于股票、债券和货币市场的基金，没有股票仓位要求，基金经理可根据行情灵活进行头寸调整，灵活性较强。	商业银行 证券公司 基金公司
股票基金	要求 80% 以上仓位投资于股票市场的基金，进攻性较强、风险也相对更高。	
宽基指数基金	成分股覆盖范围较广的指数基金，完全跟踪指数走势，投资效果和大行情一致。	

通过表 5–6 可以看到，除了我们过去所熟知的银行活期和定期存款，其实还有许多正规的金融投资产品可以供我们选择。随着我国证券市场的稳步发展，基金也逐渐成为一种主流的投资方式。在学习了基金的相关知识之后，我们就可以拓宽自己的投资选择面，去挑选自己需要的基金产品。

最后，我们需要再次强调的是，随着“资管新规”的落地，“卖者尽责，买者自负”的理念将被贯彻落实——即金融产品的销售者应尽责做好适当性管理和投资风险揭示，而投资者在此基础上为自己的投资承担全部责任。

任何投资理财都是存在风险的，区别在于风险事件发生的概率和损失比例的不同。我们不能再期待金融机构能够对我们的投资理财进行“保本兜底”，“好处都归自己、损失都要别人负责”的时代一去不复返了。但是，我们可以通过科学的甄别和筛选，将风险损失控制在自己可以承受的范围内，以此为前提去博取一定的投资收益。

财教授实操课堂：理财产品的信息查询

财教授：广义的“理财产品”，包括市场上所有常见的主流金融投资产品，例如银行理财、国债、基金等。我们在选择理财产品时，除了听取金融机构理财经理的推荐介绍，也可以自己通过金融机构的网上查询渠道，例如网上银行、手机银行、基金公司和证券公司的交易软件等，进行产品搜索和信息查询。

（一）理财产品搜索和信息查询

我们进入金融机构的理财产品界面，一般可以按照理财产品的收益率或期限，进行产品的检索或排序。然后，我们可以点选进某一只理财产品，查看该理财产品的以下关键要素：业绩比较基准（或预期年化收益率）、产品期限、风险等级、起购点、收益类型等。图 5–4 分别是工商银行和建设银行手机银行渠道的半年期理财产品信息，我们可以从中尝试查看关键要素。

要特别说明的是，预期年化收益率只是预计可能的收益率，既不代表实际收益率，也不代表对未来收益率的承诺，也就是“不能太当真”。

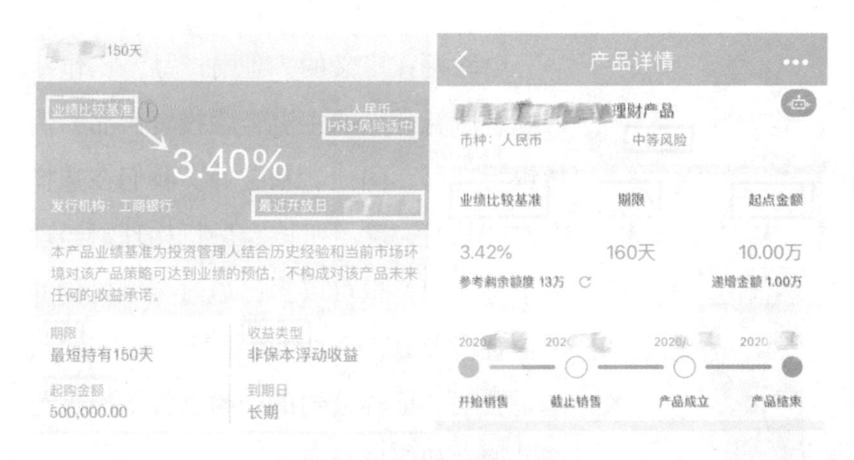

图 5–4 理财产品查询界面

（二）基金搜索和信息查询

基金也是最为常见的投资理财产品之一，当我们想要搜索某一类的基金，或者拿到一只别人推荐的基金，需要查询它的相关信息时，应该怎么做呢？

①确定基金的类型

首先，我们需要确定基金的类型。

一般在金融机构的基金查询栏中，都会有基金的分类选择。金融机构通常会把基金分为货币型、债券型、股票型、混合型、指数型和 QDII 六种类型，前五种分别对应我们之前讲过的货币基金、债券基金、股票基金、混合基金和指数基金。其中 QDII 基金，指的是投资于境外资本市场的基金，投资对象为境外的股票、债券等有价证券，一般属于中高风险基金投资品种。如果我们想搜索某一类基金，只需点选该基金的分类，就能看到基金的列表。

另外，基金的分类在基金的名称当中也有所体现。通常基金会将自己所属的类型，以简称的方式标注在基金名称的末尾，例如 ×× 货币、×× 债券、×× 股票、×× 混合等。

②查看基金的基本信息

在确认了基金类型后，我们接下来就可以进入某只基金，查看其基本信息。

基金的基本信息，主要包括历史业绩走势、风险等级、基金经理、基金规模、基金持仓、交易费用和基金公告等。这些信息可以从各个维度全方位地帮助我们了解这只基金的情况，帮助我们做投资决策。

查看历史业绩走势，可以让我们了解这只基金从成立到现在的表现如何。如果是新发基金，我们查询不到历史业绩走势，就只能通过其他信息来判断。这里需要注意的是，基金的历史业绩并不能决定基金的未来走势，基金经理的过往成绩也不能决定该基金的未来表现。我们只能把这些信息，作为我们决策参考的一个方面。

另外，查询基金的风险等级，可以帮助我们判断这只基金的大致风险。查询基金规模，如果是老基金，我们可以看到这只基金的购买热度，推断出市场对这只基金的认可程度；如果是新基金，我们可以知道它大概打算募集多少资金。查询基金持仓，我们可以看到这只基金在上个季度末的前十大股票持仓情况（仅限老基金）。查询交易费用，可以帮助我们了解购买这只基金的成本。查询基金公告，可以让我们知道这只基金的最新动向。

通过以上信息查询，我们能在正式投资前，更清楚自己所要投资的产品，做到心中有数，才能持有不慌。

中老年人投资产品挑选口诀

投资产品没最好，适合自己才重要；
多大风险能承受，流动性也考虑到。
存款安全有保护，理财种类要看好；
懂点基金选择多，定投坚持才有效。
会查信息会检索，多学多问多请教；
科学投资要坚持，理财长久见回报。

◆ 五德财商之本章财德

保钱之德源于礼，投钱之德源于智

保德：坐船的人不一定非要会开船，而是要学会买适合自己坐的船的船票。对不懂的投资保持敬畏，尊重真正的专家，不要当“假内行”，否则会付出真金白银的代价。

投德：我们要学习的，是如何选择专业的投资管理团队，将风险控制在可承受的范围内。然后，让这些专业人士为我们“打工”，也许比我们亲自操刀更好。

本章知识要点

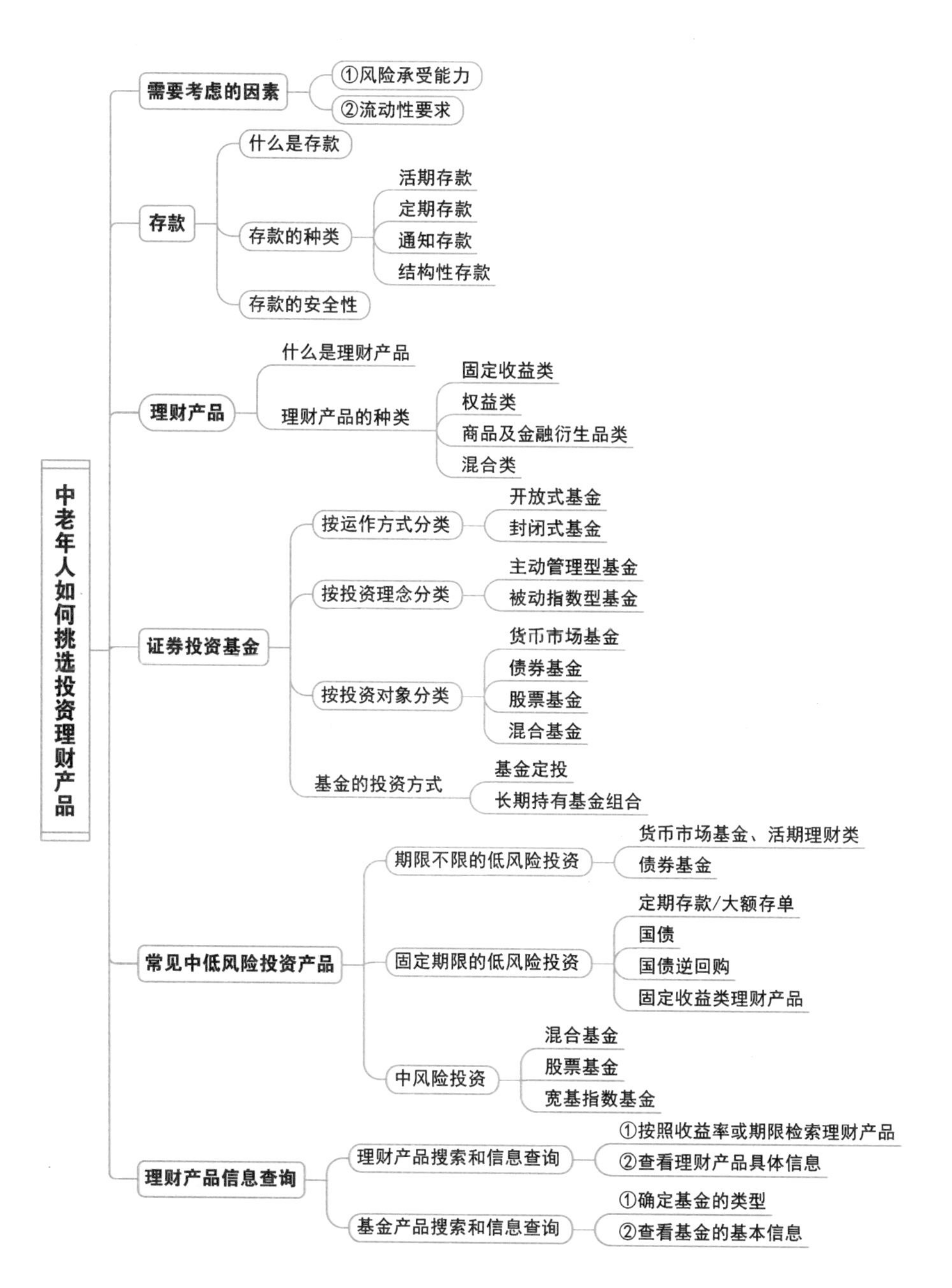

中老年人如何挑选投资理财产品
需要考虑的因素
①风险承受能力
②流动性要求
存款
什么是存款
存款的种类
活期存款
定期存款
通知存款
结构性存款
存款的安全性
理财产品
什么是理财产品
理财产品的种类
固定收益类
权益类
商品及金融衍生品类
混合类
证券投资基金
按运作方式分类
开放式基金
封闭式基金
按投资理念分类
主动管理型基金
被动指数型基金
按投资对象分类
货币市场基金
债券基金
股票基金
混合基金
基金的投资方式
基金定投
长期持有基金组合
常见中低风险投资产品
期限不限的低风险投资
货币市场基金、活期理财类
债券基金
固定期限的低风险投资
定期存款/大额存单
国债
国债逆回购
固定收益类理财产品
中风险投资
混合基金
股票基金
宽基指数基金
理财产品信息查询
理财产品搜索和信息查询
①按照收益率或期限检索理财产品
②查看理财产品具体信息
基金产品搜索和信息查询
①确定基金的类型
②查看基金的基本信息

中老年家庭的收支管理

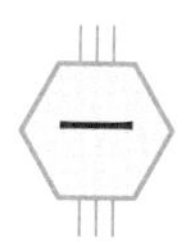

故事：老高家的“糊涂账”

老高退休前的单位经济效益不错，这让他退休前的工资和退休后的退休金都算可观，家里还有一套房子租出去收着租金；加上已有的小几百万元储蓄，老两口拿来养老的钱应该是绰绰有余了。

退休后，看到孩子独立了，家里也比较宽裕，老两口就开始充分享受晚年生活。老高喜欢喝茶，平时茶叶、茶具都挺讲究，几千元一饼的茶叶、好几万元一套的茶具都是“日常消费”；而他的老伴儿喜欢旅游和购物，两个月前去越南旅行，买了几万块的乳胶床垫回来，前几周去三亚免税店又买了几千元的衣服……两口子的日子就这么美滋滋地过着，一晃几年过去了。

一天，老伴儿去银行办手续，打开银行账户一看，发现家里的储蓄比退休时少了快一半，感觉很奇怪，就急忙打电话给老高。老高一听，怀疑是不是账上的钱出问题了，立即打了车赶到银行。退休后他们既没有买车、买房之类的大支出，也没有看病护理一类的长期费用，平时还有退休金和房租收入，这么一大笔钱到底去哪儿了呢？

银行工作人员听了他们的情况后，劝他们不要着急，同时为他们打印了银行账户流水，请他们先回家逐一核对每项支出的来龙去脉，如果有问题再来找银行处理。回家核对后才发现，原来所有的钱都是他俩自己花出去的。真是不查不知道，一查吓一跳！没退休前，他俩挺节约的，心想退休后应该犒劳犒劳自己这辈子的辛苦，手就放宽了些，没想到这两年的消费支出居然是收入的四五倍，难怪家里的钱减少得这么快！

反复核对、算账后，老高他们才感觉到，日常那些看似不起眼的“小钱”，积少成多，累加起来竟然是一笔庞大的数目！老高觉得不能再这样下去了，不然家里的养老钱就要被挥霍光了。这两年手太“松”，家庭收支完全是本“糊涂账”，老两口商量后，决定首先开始学着记账，掌握家里每个月的实际收入、支出情况，再进一步制定合理的收支计划，让家庭收支的“糊涂账”变成“明白纸”。

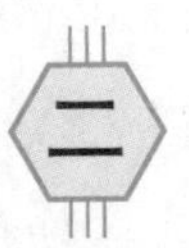

中老年家庭的收入、支出分析

对于大多数中老年家庭来说，常见的收入和支出类型有哪些呢？我们先来带大家梳理一下。

（一）退休后收入分析

退休前，我们的收入以工作收入为主；退休后，除了少部分仍在参与工作或务农的老年人，大多数城镇老年人的主要收入来源为养老金或退休金。部分中老年人还有投资性收入，如理财收入、房租收入等。农村老人由于养老金较少，会更多地依靠子女在经济上的帮助。

1. 养老金/退休金收入

养老金是一种最主要的社会养老保险待遇，是为了实现居民“老有所养”而设计的社会保障制度。我国的基本养老保

险制度已经从法律制度层面实现了覆盖城乡居民，当前我国基本养老保险制度由“城镇职工基本养老保险”和“城乡居民基本养老保险”两个部分构成，其中“城乡居民基本养老保险”是原来“城镇居民社会养老保险”和“新型农村社会养老保险”合并后的统称。每类养老保险的覆盖范围如表 6-1 所示：

表 6-1　两大类社会养老保险覆盖范围

<table>
<tr><th colspan="2">类别</th><th>参保范围
（年满 16 周岁且不含在校学生）</th></tr>
<tr><td colspan="2">城镇职工基本养老保险</td><td>城镇各类企业职工、个体工商户和灵活就业人员</td></tr>
<tr><td rowspan="2">城乡居民基本养老保险</td><td>城镇居民社会养老保险（城居保）</td><td>不符合职工基本养老保险参保条件的城镇非从业居民</td></tr>
<tr><td>新型农村社会养老保险（新农保）</td><td>未参加城镇职工基本养老保险的农村居民</td></tr>
</table>

城镇职工基本养老保险，一般会要求企业职工强制参保，个体工商户和灵活就业人员自愿参保。对于企业职工来说，基本养老保险由用人单位和个人共同缴纳；而个体工商户和灵活就业人员自行缴纳。当个人达到法定退休年龄并办理了退休手续，同时个人累计缴费时间满 15 年[①]，就可以按月领取按规定计发的基本养老金。基本养老金根据个人累计缴费年限、缴费工资、当地职工平均工资、个人账户金额、城镇

① 累计缴费年限不满 15 年的，可申请继续延长缴费时间，至缴费年限满 15 年时，办理领取基本养老金手续，享受基本养老保险待遇。

人口平均预期寿命等因素确定。所以，不同的退休地区、单位性质，以及不同的工龄和退休前收入等，都会造成养老金领取数额的不同。

城镇居民社会养老保险，简称“城居保”，是覆盖城镇户籍非从业人员的养老保险制度，保险基金由个人缴费和政府补贴构成。新型农村社会养老保险，简称“新农保”，覆盖的是未参加城镇职工基本养老保险的农村居民，保险基金由个人缴费、集体补助和政府补贴构成。目前，“城居保”和“新农保”已实现合并实施，统称为“城乡居民基本养老保险”。相对来说，城乡居民基本养老保险的缴费和领取金额，都低于城镇职工基本养老保险。

我们可以根据自己的实际情况参与以上不同类别的社会养老保险，并领取相应的养老金。同时，养老金虽是一种主要的社会养老保险待遇，但由于社保制度的其中两项主要方针是“广覆盖、保基本”，所以，它仅是作为满足人们基本退休需要的一种社会保障。如果我们想要进一步提高自己退休后的生活质量，还应适当预备养老储蓄或其他收入来源。

2. 投资性收入

投资性收入最常见的是理财收入和租金收入。

理财收入包括购买金融机构理财产品获得的收入，包括定期存款、固定收益理财、基金和证券投资等。要想获得稳定的理财收入，首先需要具备一定的投资本金，并在专业

人员的指导下正确配置正规金融机构的理财产品。在配置与证券市场相关的基金、股票等投资品时，建议中老年人尽量用基金投资代替股票投资，用长期投资代替短期投资，这样才能提高长期盈利概率，降低因心理弱点而出现错误交易的情况。

租金收入通常包括出租住宅、商铺、写字楼、交通工具、生产工具以及其他让渡个人资产使用权等形成的收入。其中以住宅的房租收入最为常见。

在测算房产类资产的租金收入水平时，我们可以通过计算“年租金收益率”来与同期银行理财产品做比较。其中：

年租金收益率＝年租金 ÷ 房屋市价 ×100%

例如，当前某个住宅的市场价格是100万元，它的年租金收入是 2 万元，那么这个住宅的年租金收益率就是：$2 \div 100 \times 100\% = 2\%$。

根据上海易居房地产研究院发布的《住宅租金收益率研究》2020 年第三季度报告，四年来，我国城市的租金收益率总体呈现递减趋势。2020 年三季度，4 个一线城市、31 个二线城市和 15 个三线城市的住宅年化租金收益率分别为：1.5%、2.3%、2.6%。仅从租金收益率来看，均已低于同期四大银行一年期普通理财产品的年化收益率（约 3.5%），这中间还没有计算房屋出租相关的维护成本和税费。

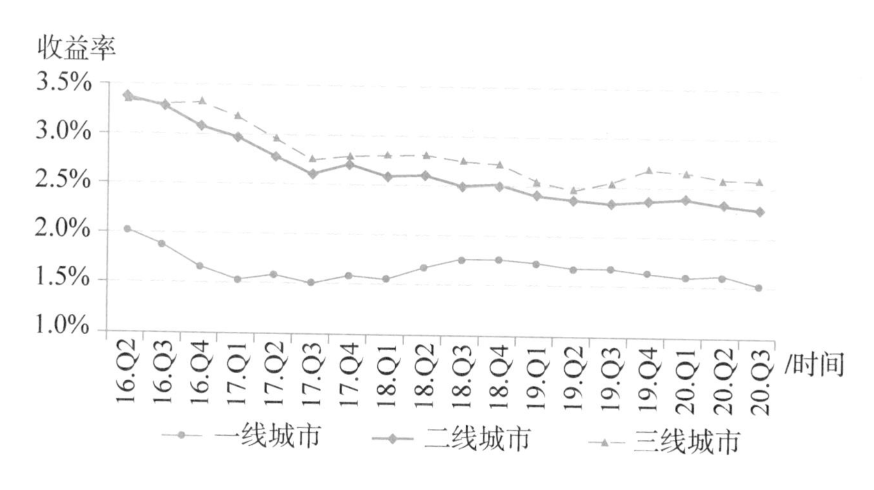

图 6–1　一、二、三线城市租金收益率走势图

数据来源：上海易居房地产研究院

所以，对于持有多套闲置住宅的家庭来说，尤其是在二、三线城市及人口持续流出的县城，面临房产综合收益率的持续下降，同时考虑不久的将来可能征收房产税，应当认真衡量自己是否需要调整家庭的资产和收入结构，把房产置换为金融资产，把房租收入转换为理财收益，以获得更好的流动性和更佳的收益。

3. 退休后工作 / 务农收入

目前，我国法定的企业职工退休年龄是男干部、职工年满 60 周岁，女干部年满 55 周岁，女职工年满 50 周岁；对于从事有害身体健康工作的职工，还可以提早 5 年退休。达到法定退休年龄后继续工作或务农，也成为部分离退休老人的选择。这样一方面能够继续实现自我价值，另一方面也能再为家庭增加一份收入来源。

根据北京大学中国健康与养老追踪调查（CHARLS）2019 年 5 月发布的《中国健康与养老报告》，以男性为例，非农业户口男性 60—64 岁的就业率不到 40%（约 35%），超过 80 岁仍然在工作的只有不到 5%；而农业户口男性 60—64 岁还有接近 80% 的人在工作，超过 80 岁仍有约 20% 的人继续工作。女性就业率在各个年龄阶段整体低于男性，但也呈现出类似的城乡分化态势。

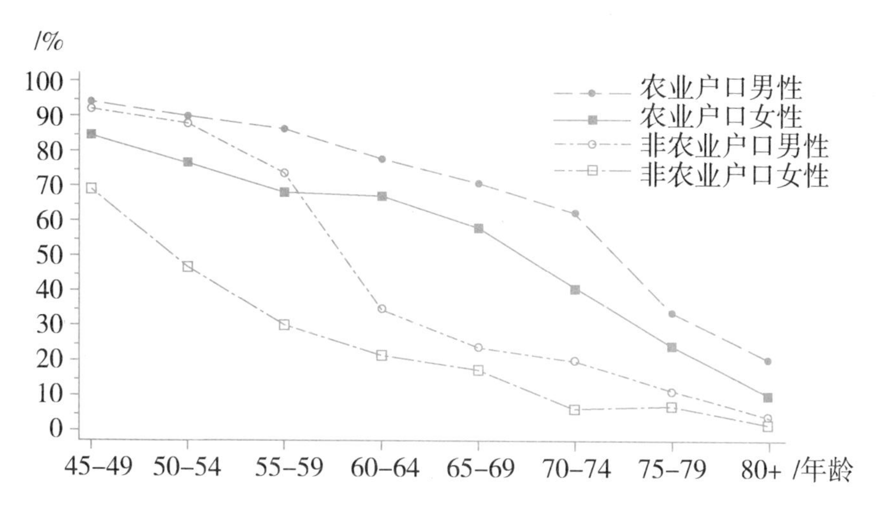

图 6–2　2015 年不同年龄段就业率情况

图表及数据来源：北京大学 CHARLS《中国健康与养老报告》

由于养老金相对较少，农业户口老人更倾向于干到干不动为止；而城镇退休职工，相对来说有更多的养老金支持，也更多选择退休养老。退休后是否继续工作或务农，需要结合自己的个人意愿、身体状况，以及家庭财富状况、养老财务目标来选择。

4. 子女经济帮助

在几乎没有任何社保体系的漫长历史中，“养儿防老”一直是我们国人的传统观念。而随着新中国的成立，各项社会保障制度的搭建和完善，“家庭养老”正逐步向“社会养老”转变。对于大多数城镇离退休老人来说，子女逢年过节给父母的一份孝心，通常只是情谊上的功能，他们也不需要子女的经济支持。

子女对父母的经济支持，更多存在于无法工作的失能农村老人群体。因为养老金收入不足以维持他们的正常生活，子女救济成为他们的重要经济来源，这也是我们的社会保险

亟待完善的方向。

（二）中老年家庭的支出分析

中老年家庭的支出，通常来说主要可以分为日常生活、娱乐社交、养生健康和疾病管理几个大类。

1. 日常生活支出

包括日常的衣、食、住、行等，用于维持我们基本生活需要的支出。

2. 娱乐社交支出

包括旅游、聚会、运动、兴趣学习、美容美发等，用于提升我们生活质量和精神满足感的支出。

3. 养生健康支出

包括营养保健品、养生活动、理疗设备等，用于健康养生、营养保健的支出。

4. 疾病管理支出

包括医疗费、医药费、住院费等，用于疾病治疗和康复、护理的支出。

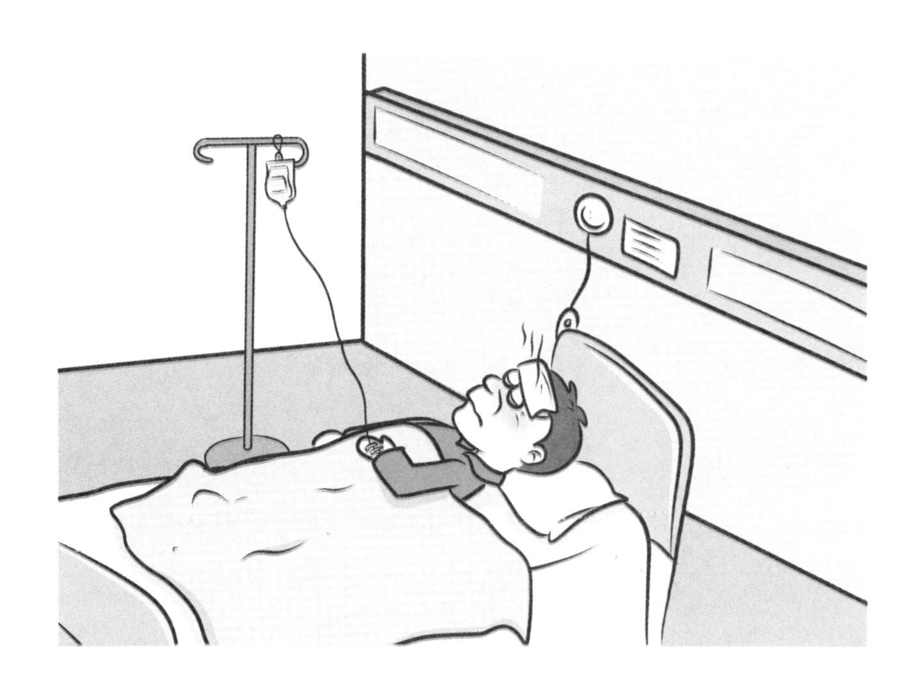

通常来讲，人们在中老年阶段已经完成了抚养子女、购置房产等大额开支，消费开支会较之前有所下降，并逐步回归到自身的生活消费和医疗养生方面。根据老年电子商务网站“幸福 9 号”与普华永道思略特咨询公司联合发布的《2017 中国老年消费习惯白皮书》，受访的 1051 位 60 岁以上城市老年消费者 2016 年的主要日常支出金额分布情况如图 6–3 所示。

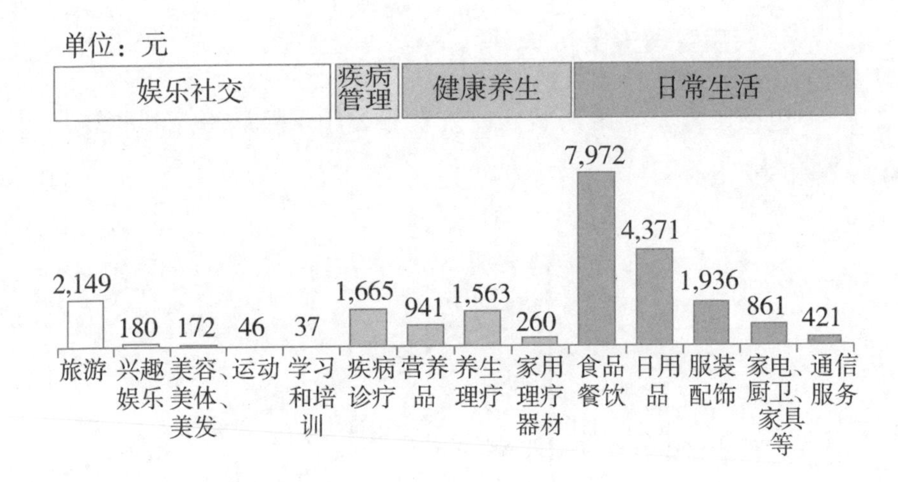

图 6-3　老年消费者主要日常支出分布情况

图表及数据来源：《2017 中国老年消费习惯白皮书》

报告显示，从消费金额来看，受访老年人年均消费大约为 2.26 万元：其中日常生活 15560 元，约占总消费的 69%；健康养生 2763 元，约占总消费的 12%；疾病管理 1665 元，占 7%；娱乐社交 2585 元，占 11%。此外，受访老人还考虑未来主要在以下四个方面增加支出：疾病管理（43%）、营养品（29%）、旅游（25%）、食品餐饮方面的日常支出（22%）。

以上受访的老年人平均分布在一、二、三、四线城市，并以中等收入老年人[①]为主要群体（占样本总数 69%），这个数据可以在一定程度上反映我国城市老人的平均消费情况。

① 报告中的“中等收入老年人”定义为：独居月收入在 2000—7000 元之间，或夫妻家庭月收入在 4000—10000 元之间的老年人群体。

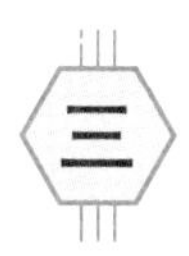

中老年家庭的收支结余安排

（一）正结余——“绰绰有余”

正结余是指我们当月的收入减去支出之后，还有剩余。此时，我们可以拿着这部分剩余的储蓄，来补充家庭的各个“功能账户”[①]。假如我们感觉家庭用来治病救急的资金储备不足，就可以把剩余储蓄增加到“保命的钱”这个功能账户里；假如我们想增加投资，也就是补充“生钱的钱”功能账户，可以采取每月“基金定投”的方式进行投资。

总体来说，家庭收支长期正结余表明我们的收支情况良好、财务安全性较高，也使得我们的选择也更为灵活。

---

① 详见本书第四章的资产配置“1234”法则。

（二）负结余——“入不敷出”

负结余是指我们当月的收入减去支出之后，不仅没有剩余，还会花费一部分已有的储蓄。如果家庭负结余金额较大或者长期都是负结余，就需要对我们的长期花费进行提前测算和准备了，看看我们现有的资金储备是否能够维持自己预期余寿的基本生活。如果测算下来资金储备不足，我们就需要考虑减少支出或者增加收入来调整了。

总体来说，家庭收支长期负结余是一个警示信号，要求我们认真审视自己的家庭财富状况，并提前做好规划和安排。

财教授实操课堂：编制家庭收支表及资产调整

财教授： 为了更加清楚自己的家庭收支，我们可以用几个月的时间持续跟踪记账，整理家庭的每月收入支出表。收入支出表的表格示例如表 6–2 所示。您也可以在专业人士的指导下，自行编制家庭收入支出表。

（一）整理家庭每月收入支出表

表 6–2　家庭收入支出统计表

类型		描述	金额
收入	工资 / 养老金 / 退休金		
	理财收入（投资理财收益、租金收入等）		
	其他收入		
	合计		
支出	日常开支（衣、食、住、行）		
	娱乐社交（旅游、聚会、兴趣等）		
	养生保健		
	疾病医疗		
	其他支出		
	合计		
月结余（收入－支出）			

（二）选择合适的理财顾问

我们在编制家庭资产表、负债表和收入支出表，或进行家庭资产配置和调整的时候，都可以在专业理财顾问的帮助下进行。一个好的理财顾问能够带来专业上的建议，大大提高客户的财富配置效率，让财富管理工作事半功倍。是否是合适的理财顾问，我们可以从以下三个方面考察：

1. 职业道德水平

良好的职业道德是挑选理财顾问的首要考虑因素。无论理财顾问专业技能多么高超、投资经验多么丰富，只要道德水平不过关，就可以一票否决。

如何判断一个理财顾问的道德水平，我们可以参考国际金融理财标准委员会制定的《金融理财师职业道德准则》。该标准要求理财师严格遵守七项职业道德基本原则：守法遵规、正直诚信、客观公正、专业胜任、保守秘密、专业精神、恪尽职守。针对我国金融理财行业的实际情况，我们需要着重从以下三个方面考察理财顾问：

①客观公正，即能否从客户的利益出发，做出合理、谨慎的专业判断，不受经济利益、关联关系和业绩压力等影响。

②正直诚信，即在为客户提供理财服务时，能做到不欺诈、不夸大，实事求是，为客户谨慎、勤勉地提供理财建议；不能利用执业之便为自己谋取不正当利益。

③恪尽职守，即为客户提供顾问服务时能做到及时、周到、勤勉，提供有针对性的理财建议；并对向客户推荐的理财产品进行充分调查，客户购买后能做到产品的持续跟踪反馈。

考察理财顾问的职业道德水平是一个持续的过程，所谓

“日久见人心”。我们可以同时跟踪考察多个理财顾问，对他们的执业行为进行观察，最终在时间的考验下筛选出职业道德过关的理财顾问。

2. 教育背景和证书资质

教育背景和证书资质决定了一个理财顾问的专业理论水平。

从教育背景来说，理财顾问以金融学、经济学、财务管理、税务学和投资学等经济、金融类相关专业为佳。理财顾问通常要求至少本科及以上学历，一些服务于高净值客户的金融机构甚至要求硕士及以上学历。相对来说，教育背景越好，理财顾问的专业理论功底也会越深厚。

从证书资质来说，除了金融各行业本身要求的从业资格证书，例如银行从业资格证、证券从业资格证、保险从业资格证，还有一些其他的专业证书能够证明理财顾问的相关资质能力。下面简单普及一下金融理财行业常见的权威资质证书（见表 6–3）：

表 6–3　常见理财顾问资格证书

<table>
<tr><th colspan="2">项目</th><th>特许金融分析师</th><th>金融理财师</th><th>理财规划师</th></tr>
<tr><td rowspan="2">级别</td><td>初</td><td>特许金融分析师（CFA）一级</td><td>金融理财师（AFP）</td><td>理财规划师（CHFP）三级</td></tr>
<tr><td>中</td><td>特许金融分析师（CFA）二级</td><td>国际金融理财师（CFP）</td><td>中级理财规划师（CHFP）二级</td></tr>
</table>

续表

<table>
<tr><th colspan="2">项目</th><th>特许金融分析师</th><th>金融理财师</th><th>理财规划师</th></tr>
<tr><td>级别</td><td>高</td><td>特许金融分析师（CFA）三级</td><td>认证私人银行家（CPB）</td><td>高级理财规划师（CHFP）一级</td></tr>
<tr><td colspan="2">认证机构</td><td>全球特许金融分析师协会</td><td>国际金融理财标准委员会</td><td>中国 CHFP 理财规划师
专业委员会</td></tr>
</table>

理财顾问向您出示这些资质证书的时候，您都可以根据证书编号在相关认证网站上核实他的资质信息，以便进一步确认其资质能力。

3. 从业经历和投资经验

从业经历和投资经验决定了一个理财顾问的专业实操经验。

就从业经历来看，理财顾问最好具备在银行、证券公司、基金公司、保险公司等正规金融机构的从业经验，并且是从事理财相关工作。例如在银行从事柜台业务，在证券公司从事风控业务，或在基金公司从事行政业务，就不算是具有“理财相关工作经验”。在正规金融机构具有从业经验，能够让理财顾问全面了解各类理财产品的本质和流程，明白不同产品的风险和收益，并且接触足够多的客户实际配置案例。

投资经验指的是理财顾问对于相关金融投资产品的配置经验，例如曾经帮助多少客户或家庭做过理财配置，具体成效如何，是否已经形成一套自己完善的配置逻辑等。

理财顾问的以上三个方面，除了职业道德是必须具备的素质，教育背景、证书资质与从业经历、投资经验是可以互补的。如果一个理财顾问教育背景和证书资质方面较为欠缺，仍可以用从业经历和投资经验弥补。

（三）家庭资产调整计划

在清楚了自己的家庭资产、负债情况，挑选了信任的理财顾问之后，我们就可以在理财顾问的协助下，开始审查和调整自己的家庭财富结构了。

针对大多数中国家庭的情况，我们需主要就以下问题进行自我审查：首先，查看自家的房屋资产所占比例是否过高，金融资产是否过少、结构是否过于单一；然后，查看家庭成员是否配置了足额的人身保险，如果已经无法购买保险，那么是否预留有足额的专项资金用于应急；最后，还要查看我们的养老目标在当前的资产情况下能否顺利达成。

如果上述几项自我审查发现问题，此时，就建议您在专业的金融理财师或理财规划师的指导下，进行家庭资产结构的调整。建议您在正规金融机构如银行、证券公司、保险公司寻找合适的理财顾问，为您制定家庭资产的调整计划。

中老年家庭收支管理口诀

家庭收支两条线，管钱理账要清晰；

生活娱乐和养生，疾病管理支出急。

工作投资退休金，量入为出最放心；

编制家庭收支表，选好顾问来帮您。

◆ 五德财商之本章财德

挣钱之德源于义，投钱之德源于智

用德：在花钱支出时，我们应以“仁”为核心，即满足自己和他人的合理需求，把钱用在刀刃上，不攀比、不盲从，让金钱发挥最大效用，造福自己和身边的人。

投德：投资中有种智慧叫作“知人善用”，所谓“术业有专攻”，挑选优秀的理财顾问或专业团队，让他们用专业知识为我们服务，也可给我们的投资带来极大的助力！

本章知识要点

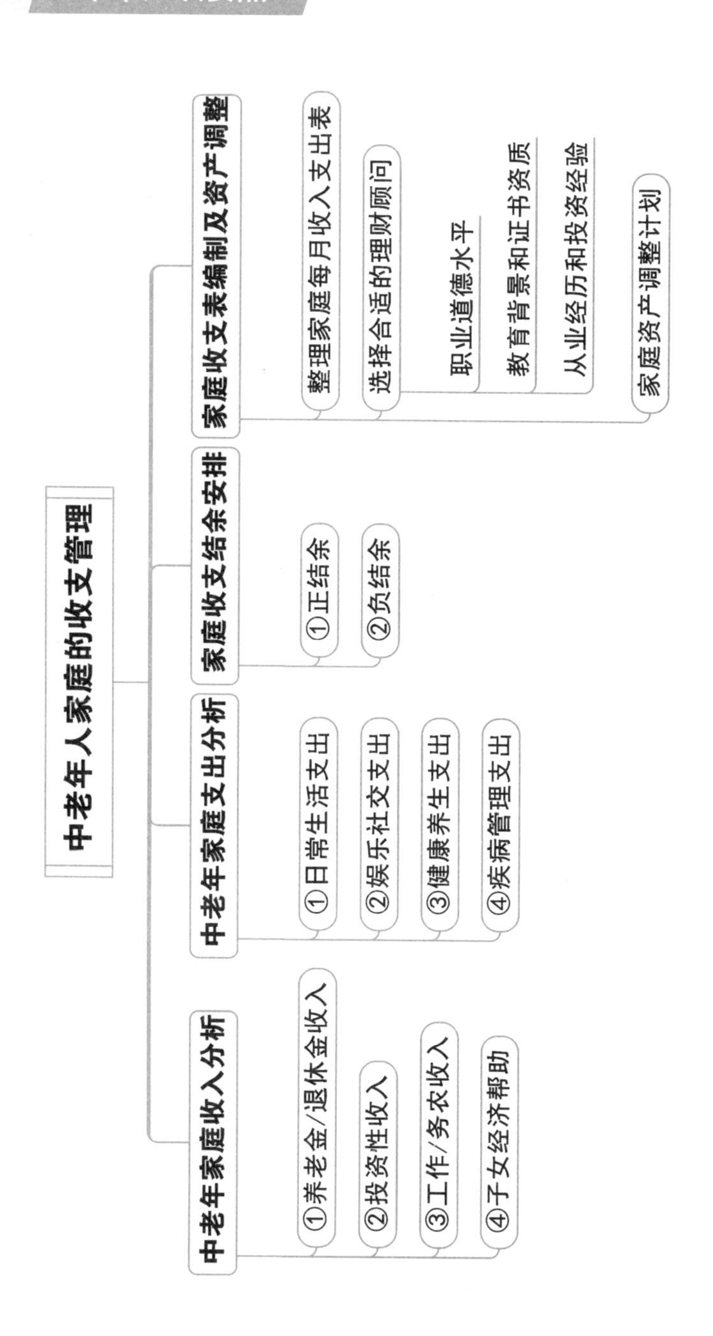
中老年人家庭的收支管理
中老年家庭收入分析
①养老金/退休金收入
②投资性收入
③工作/务农收入
④子女经济帮助
中老年家庭支出分析
①日常生活支出
②娱乐社交支出
③健康养生支出
④疾病管理支出
家庭收支结余安排
①正结余
②负结余
家庭收支表编制及资产调整
整理家庭每月收入支出表
选择合适的理财顾问
职业道德水平
教育背景和证书资质
从业经历和投资经验
家庭资产调整计划